VOYAGE

MINÉRALOGIQUE.

VOYAGE

MINÉRALOGIQUE

FAIT EN HONGRIE ET EN TRANSILVANIE,

PAR M. DE BORN,

Traduit de l'Allemand, avec quelques notes, par M. MONNET, Inspecteur-Général des Mines de France, des Académies Royales des Sciences de Stockholm, de Turin, &c. &c.

A PARIS,

RUE ET HOSTEL SERPENTE.

M. DCC. LXXX.

Avec Approbation & Permission.

AVERTISSEMENT

DU TRADUCTEUR.

LES Voyages jusqu'à présent sembloient être restreints à l'observation des mœurs, des coutumes & des usages des Nations ; la description générale, ou plûtôt la géographie des lieux, avoient uniquement occupé les Voyageurs : le sol & sa nature, la composition & les parties du globe, rarement avoient fixé leur attention. Le tems est enfin venu où l'on commence à voyager pour étudier & méditer la Nature. En effet, ne devoit - il pas paroître fort étrange que la terre qui nous porte & nous nourrit, nous soit si étrangère; que les Voyageurs, si occupés à étudier les hommes, à saisir les nuances qui différencient les peuples, ne puissent rien nous dire des terres & des montagnes sur lesquelles ils ont passé? Combien leurs relations eussent été plus utiles, si, instruits dans la Minéralogie, ils eussent fait des observations relatives à cette science? Heureusement, on a senti la nécessité de cette étude, & les Voyageurs vont s'appliquer à nous faire connoître la Minéralogie géographique des Pays qu'ils parcourront. Dans le tems que M. Guettard s'occupe fans relâche à nous inftruire de la nature & de la qualité des terreins qu'il a examinés , M. Ferber, ami de l'Auteur de l'Ouvrage que je traduis , publie la relation d'un Voyage Minéralogique qu'il a fait en Italie. M. de Born, à qui cet Ouvrage eft adreffé l'a fait imprimer, & s'eft empreffé d'imiter fon ami. Il parcourt les montagnes de la Hongrie & de la Tranfilvanie, il envoie à fon tour le réfultat de fon Voyage à M. Ferber, qui le fait de même imprimer. Mais M. de Born, beaucoup moins occupé de la Minéralogie Phyfique

que de l'exploitation des mines, s'applique plus à nous faire connoître ce qui concerne ce dernier objet, que le premier. Conseiller aux Mines pour L. M. I. & R. & fils d'un Directeur des Mines, il étoit naturel qu'il tournât toute son attention de ce côté. Si ces deux amis eussent parcouru ensemble ces pays intéressans, leurs travaux réunis auroient produit un Ouvrage complet dans lequel le Public eût rencontré tous les détails nécessaires & les observations les plus utiles.

Quoique le Voyage Minéralogique de M. de Born ne réunisse pas précisément ces deux objets , nous avons cru faire plaifir aux amateurs de l'Hif-toire Naturelle , en leur pré-fentant cette traduction. Il nous a femblé néceffaire d'y ajouter quelques notes pour expliquer des paffages qui nous paroiffoient en avoir befoin , & pour étendre les idées qu'ils préfentent.

Ceux qui , par goût ou par état, s'occupent de l'exploita-tion des Mines, y trouveront des détails qui pourront leur faire plaifir & les intéreffer infiniment. En général tous les Naturaliftes y verront un grand nombre de Mines & de Mi-néraux qui leur étoient incon-nus , ou dont ils n'avoient que

des idées superficielles ; ils verront sur - tout une nouvelle
preuve de cette grande vérité, que les Minéraux varient
comme les êtres de contrées à
contrées , & que les mêmes
espèces ont des nuances particulières & relatives au sol
où elles ont été produites.

TABLE
DES LETTRES
Contenues dans ce Volume.

Fin de la Table des Lettres.

APPROBATION

DU CENSEUR ROYAL.

J'ai lu, par l'ordre de Monseigneur le Garde des Sceaux, l'Ouvrage intitulé : *Voyage en Hongrie & en Transilvanie,* par M. de Born, *& traduit en François* par M. Monnet ; & je n'y ai rien observé qui doive en empêcher l'impression. Donné à Paris le huit de Mai 1780. PHILIPPE DE PRETOT, *des Académies d'Angers & de Rouen.*

PRIVILEGE DU ROI.

LOUIS, PAR LA GRACE DE DIEU, ROI DE FRANCE ET DE NAVARRE : A nos amés & féaux Conseillers, les Gens tenant nos Cours de Parlement, Maîtres des Requêtes ordinaires de notre Hôtel, Grand Conseil, Prévôt de Paris, Baillifs, Sénéchaux, leurs Lieutenans Civils, & autres nos Justiciers qu'il appartiendra : SALUT, notre amé le sieur MONNET Nous a fait exposer qu'il desireroit faire imprimer &

donner au Public un Ouvrage intitulé : *Voyage en Hongrie & en Transilvanie, par M. de Born, & traduit en françois par ledit sieur Monnet*, s'il nous plaisoit lui accorder nos Lettres de Permission pour ce nécessaires. A ces causes voulant favorablement traiter l'Exposant, nous lui avons permis & permettons par ces Présentes, de faire imprimer ledit Ouvrage autant de fois que bon lui semblera, de le faire vendre & débiter par tout notre Royaume, pendant le tems de cinq années consécutives, à compter du jour de la date des Présentes. Faisons défenses à tous Imprimeurs, Libraires & autres personnes, de quelque qualité & condition qu'elles soient, d'en introduire d'impression étrangère dans aucun lieu de notre obéissance : a la charge que ces Présentes seront enregistrées tout au long sur le Registre de la Communauté des Imprimeurs & Libraires de Paris, dans trois mois de la date d'icelles ; que l'impression dudit Ouvrage sera faite dans notre Royaume & non ailleurs, en bon papier & beau caractère, que l'Impétrant se conformera en tout aux Règlemens de la Librairie, & notamment à celui du 10 Avril mil sept cent vingt-cinq, à peine de déchéance de la présente Permission ; qu'avant de l'exposer en vente, le manuscrit qui aura

servi de copie à l'impreſſion dudit Ouvrage, ſera remis dans le même état où
l'approbation y aura été donnée, ès mains
de notre très-cher & féal Chevalier Garde
des Sceaux de France, le ſieur HUE DE
MIROMENIL, qu'il en ſera enſuite remis
deux exemplaires daus notre Biblioth-
que publique, un dans celle de notre
Château du Louvre, un autre dans celle
de notre très-cher & féal Chevalier
Chancelier de France, le ſieur de MAU-
PEOU, & un dans celle dudit ſieur HUE
DE MIROMENIL, le tout à peine de nul-
lité des Préſentes : DU CONTENU deſquelles vous MANDONS & enjoignons
de faire jouir ledit Expoſant & ſes ayans
cauſes, pleinement & paiſiblement,
ſans ſouffrir qu'il leur ſoit fait aucun
trouble ou empêchement. VOULONS
qu'à la copie des Préſentes, qui ſera im-
primée tout au long, au commencement
ou à la fin dudit Ouvrage, foi ſoit ajou-
tée comme à l'original COMMANDONS au
premier notre Huiſſier ou Sergent ſur ce
requis, de faire pour l'exécution d'icelles,
tous actes requis & néceſſaires, ſans de-
mander autre permiſſion, & nonobſtant
clameur de haro, charte normande, &
lettres à ce contraires : car tel eſt notre
plaiſir. DONNÉ à Paris le dix-neu-
vième jour du mois de Juillet, l'an

de grace mil sept cent quatre - vingt, &
de notre Règne le septième. Par le Roi
en son Conseil.

LE BEGUE.

Registré sur le Registre XXI de la Chambre Royale & Syndicale des Libraires & Imprimeurs de Paris , N°. 1748 , fol. 336 , conformément aux dispositions énoncées dans la présente Permission ; & à la charge de remettre à ladite Chambre les huit exemplaires prescrits par l'article CVIII du Règlement de 1723. A Paris, ce 25 Juillet 1780.

LE CLERC, *Syndic.*

VOYAGE

MINÉRALOGIQUE.

LETTRE PREMIERE.

Départ de l'Auteur de Schemniz, Bains, Pétrifications rencontrés près d'Offen, & Sel alkali minéral natif.

JE n'ai vu jusqu'ici que des objets ordinaires & tels qu'ils ne méritent pas d'être rapportés. A la vérité, si j'avois eu des connoissances en Botanique, j'aurois pu vous entretenir des descriptions de plantes & des observations que j'aurois pu faire à ce sujet, pendant les trois

A

jours entiers que j'ai mis à parcourir les lieux déferts qui font entre Offen & Segdin. Mais malheureufement pour moi je ne fuis point Botanifte ; il eft vrai que ce n'eft point de ma faute. J'aime affez toutes les parties de l'Hiftoire naturelle, comme vous favez, pour avoir defiré de connoître celle-ci ; mais je n'ai jamais trouvé l'occafion de l'étudier. En aucun lieu des Etats d'Autriche, il n'exifte d'inftruction fur la Botanique, excepté à Vienne. Ce n'eft pas feulement en cela que les inftructions manquent : auffi ne doit-on pas s'étonner que l'Hiftoire naturelle des pays qui appartiennent à la Maifon d'Autriche, refte ignorée, tandis que les Anglois raffemblent toutes les raretés des lieux les plus éloignés & les plus inconnus ; que les François dans les mêmes vues, graviffent les Cordelières ; que les Suédois ne voulant pas s'en tenir à leur pays, parcourent la Paleftine, la Chine & l'Amérique, pour étendre la sphère de leurs connoissances en Histoire naturelle ; que la Russie envoie des caravannes de Savans en Sibérie. A quoi cependant peuvent nous servir ces plantes ? Concluez-en seulement que j'ai eu beaucoup de déplaisir de me voir obligé de laisser, comme non-digne de remarque, tout ce qu'il y avoit de curieux en Botanique dans les montagnes que j'ai traversées ; cependant je vous renouvelle la promesse que je vous ai faite, de ne vous entretenir que de minéraux, de mines & de la manière de les exploiter.

Depuis Schemniz jusqu'à Offen, la roche qui constitue les montagnes, est un composé de quartz, d'argille pétrifiée, de schoerl & de mica (c'est-à-dire, que c'est un vrai granit). C'est aussi la sorte de roche qui fait la base de tous les lieux qui avoisinent Schemniz & Cremniz. On a fouillé jadis dans ces lieux quelques mines de cuivre, sur-tout à l'endroit nommé *Teuf-chen-Pelfen*, où l'on a rouvert quelques galleries anciennes, & pouffé de nouvelles dans la roche, mais fans un fuccès fort heureux. Toutes ces montagnes font recouvertes de chyte argilleux & de pierre calcaire. Près de Vaizen, jolie petite ville fituée près du Danube, commence une plaine, qui s'étend d'un côté jufqu'aux confins de la Tranfylvanie, & de l'autre jufqu'au Temefvar ; cette plaine préfente pourtant de ces deux fortes de roches. A trois lieues de là, à-peu-près, eft fitué Peft, où je me fuis arrêté une journée ; cette Ville, qui eft pourvue de très-beaux bâtimens felon le nouveau goût, eft bâtie généralement avec des pétrifications. La carrière d'où les habitans tirent leur pierre, eft près d'Offen, ville qui n'eft féparée de Peft que par le Danube. J'ai vifité cette côte calcaire, fur laquelle croît le meilleur vin d'Offen ; ces pierres calcaires font entiérement poreufes & remplies d'une quantité incroyable de turbinites, de pétuncles & de cames. C'eft ici où nos Valche, Schroeter & Hibfche, qui ne s'occupent que de pétrifications , auroient pu faire une riche récolte, peut-être même qu'ils y auroient fait des obfervations dignes d'eux & de leur goût, & qui me font échappées par la raifon que que je ne fuis pas affez connoiffeur en ce genre ; & Dieu fait combien alors ces Meffieurs nous auroient étourdi les oreilles par leurs dénominations & l'importance qu'ils auroient attachée à leurs belles découvertes ? Il fuffit pour nous, Minéralogiftes , que nous apprenions par ces marques , que ce lieu a été couvert par la mer.

A l'égard des bains d'eau chaude qui font près d'Offen , prefque tous les Géographes en font mention. M. Laurentius Stoker en donna une defcription détaillée dans fon *Thermographia Budenfi* ; il penfe qu'il y a du foufre, de la terre calcaire & du fer dans ces eaux. Derrière Offen fe trouve la fameufe Lande nommée Kerkuniter, dont le fond eft couvert d'un fable (Glariæ Linæi) mêlé avec des fragmens de coquillages : toutes les pierres qui fe trouvent très-rares dans tous ces environs font formées d'un pareil mêlange. On peut courir fur ce terrein une demi-journée fans trouver un feul arbre & une feule maifon, excepté celle de la Pofte ; mais en revanche cette Lande nourrit pendant 50 lieues de longueur fur autant de largeur, une grande quantité de troupeaux. C'eft dans ce même terrein, & près de Breizin, que fe trouve dans des lieux marécageux, le fel alkali minéral, mêlé avec de la terre argilleufe. On prépare depuis long-tems avec ce fel le beau favon de Breizin, que l'on tranfporte dans toute la Hon-

grie. Il n'y a pas long-tems qu'on
ne confidéroit ce fel que comme
du fel ordinaire. M. Stephan-Vefz-
premi , très - favant Médecin de
Débrezin & M. Juft Torkos ont été
les premiers qui aient examiné la
nature de ce fel. Le premier le fit
connoître dans un Ouvrage qui a
pour titre : *Tentamina de inocu-
lenda pefte Londini , 1775* ; & le
dernier , dans une differtation *de
Sale minerale alkalico nativo pa-
nonico , Pofnonei* , 1763. J'ai auffi
appris dernièrement de Vienne ,
qu'un jeune Médecin Hongrois,
nommé Gabriel Pofmandi , avoit
mis fous preffe une differtation où
il décrit exactement l'origine de ce
fel , fa fituation , ainfi que fes qualités & propriétés : d'ailleurs , j'ai
rencontré fur cette Lande , près
des lieux marécageux , quelques
troupes d'oifeaux qui m'étoient inconnus.

De l'autre côté du Teiffe – ti-
bifcus , le terrein eft bien différent;

je le trouvai charmant, on y rencontre des arbres en abondance,
& de beaux bleds qui couvrent la
terre. Par-tout les Colons y font fort
bien établis, leurs villages font bâ-
tis régulièrement avec des briques
non – cuites, leur toît eft fait de
rofeaux ; on eft obligé de bâtir de
cette manière faute de bois, dont
tout le pays eft dépourvu. Les plan-
tations coûtent ici des fommes très-
confidérables à notre Souveraine.
La plupart de ces Villages ont leur
Curé, une Ecole & un magafin de
grains ; il y a un Infpecteur qui
tient tout en ordre & qui veille fur
les befoins. Chaque Colon y trouve
en arrivant une habitation appropriée, autant de terre qu'il en peut
cultiver, & tout ce qui lui eft néceffaire pour fon travail. Au bout
de chaque année, il paie pour tout
tribut la dixième partie de fes productions en fruit ou nature. Il peut
auffi décompter avec le Gouvernement autant que bon lui fem-

blera, en déduction des avances qu'il en a reçues, & acquérir par-là peu-à-peu la propriété du terrein qu'on lui a concédé.

Malgré l'ordre qui règne dans cette petite Colonie, il y a peut-être quelque chofe à dire, en voyant la grandeur de ces villages, dont quelques-uns font de plus de trois cens maifons, ce qui néceffite ces bonnes gens d'aller loin pour cultiver leurs terres, qui ne peuvent pas être toutes auprès du village, étant en trop grande quantité. Il y a plufieurs habitans qui font obligés de faire plus de deux lieues pour parvenir fur leurs poffeffions.

LETTRE II.

Division, Bornes, Rivières, District du Bannat de Temesvar.

J'AI parcouru déjà, comme vous favez, il y a deux ans, tout ce pays, & étant d'ailleurs originaire de la Tranfylvanie, j'ai eu affez d'occafions de m'inftruire de tout ce qui le regarde pour être en état de vous en entretenir, en attendant quelque fujet qui appartienne proprement à la Minéralogie.

Le Temefvar eft cette grande bande de la Hongrie qui eft préfentée dans la carte de Homann, fous le nom de Caffanader ou de Temefer Comitat; elle eft placée fous le quarante-cinquième degré nord; elle a vingt-deux lieues d'Allemagne dans toute fa longueur, & quinze ou feize dans fa largeur,

elle eft bornée au nord par la rivière Moros, à l'eft, par la Teiffe,
au fud, par le Danube, & à
l'oueft, par la chaîne effroyable
des rochers de la Tranfilvanie & de
la Valachie. C'eft, comme on voit,
de ce feul côté qu'elle tient à la
terre ferme; elle peut être confi-
dérée par les autres côtés comme
une prefqu'Ifle. Ce pays eft divifé
en onze Diftricts ou petits Gou-
vernemens particuliers : ce font
Caffaneder, Czacovar, Szenan-
draher, Szenmiklofcher, Boczki-
rerker, Uy-Planker, Varfcherer,
Orfovaer, Caranfebezer, Lugof-
cher & Lepovaer. Chacun de ces
Diftricts eft encore fubdivifé en
petits Bailliages, qu'on nomme
Proceff. Dans chacun de ces Gou-
vernemens, il y a un Intendant ou
Directeur général, un Contrôleur
& quelques Gens de Juftice; ces
derniers forment proprement le
Corps de Juftice nationale. Tous
ces Adminiftrateurs dépendent de

A 6

l'adminiſtration générale du pays, & celle - ci releve de la Chambre Royale de Vienne , le Bannat de Temeſvar étant un domaine particulier de Sa Majeſté, ſur lequel les Etats du pays n'ont rien à commander. Le lieu principal du Bannat, & qui en fait en même-tems le centre , eſt Temeſvar , qui eſt une ville très-régulière, mais malſaine , à cauſe des marais profonds qui l'entourent. Les fièvres & les maladies inflammatoires de toutes les eſpèces y règnent continuellement & donnent une occupation continuelle aux Médecins. C'eſt dans cette ville qu'eſt l'adminiſtration générale du pays & la Juſtice ſupérieure; il y a auſſi un Evêché & deux compagnies privilégiées de commerce qui vont trafiquer dans les ports d'Italie.

La partie occidentale du pays eſt montagneuſe & bien peuplée , la partie orientale eſt au contraire platte, peu peuplée & marécageuſe

Dans cette partie, il y a de grandes plaines défertes, que l'on a voulu peupler par des colonies Alleman-des de la Souabe & du cercle du Haut-Rhin. Aux quatre angles de ce pays fe trouvent quelques an-ciennes places, telles font Kanif-cha, Hmelin, Meheadia & Lippa. A l'égard de Szegdin & d'Arrad, elles appartiennent à la Hongrie proprement dite, étant fituées de l'autre côté du Moro & du Theiffe. Aucun de ces lieux n'eft remar-quable, quoiqu'ils foient célèbres dans l'hiftoire de la guerre des Turcs, ainfi que Panfova, Ay-Pa-lanka & Ofova. Les petites ri-vières du Bannat ne méritent au-cune attention, car elles ne par-courent que peu de pays, ex-cepté cependant la Temes & la Nera; la première eft navigable, elle eft dirigée à cet effet par un canal qui commence à Lugofch, & continue jufqu'à Petervadin, paſſant par la Ville de Temeſvar.

Le ſol de ce pays eſt très-fertile en beaucoup d'endroits; il y croît un vignoble qui donne un excellent vin rouge. Les ceriſiers, les pêchers & les pruniers y viennent fort bien, & les habitans du pays en plantent abondamment, parce qu'ils en font leur boiſſon ordinaire; on y trouve des forêts entières de ces arbres auprès des villages. La culture de la ſoie que l'on trouve par-tout, eût été dans un état brillant, ainſi que toutes les manufactures du pays, ſi M. le Comte Marcy d'Argenteau, Commandant de ce pays, avoit vécu un peu plus de tems.

On a établi des Troupes nationales que l'on déſigne ſous le nom de régiment Illyrien; ces troupes ſont commandées par un Lieutenant-Colonel M. de Serugaſſ, Chevalier de l'Ordre de Marie-Thérèſe, qui eſt recommandable par ſon zèle pour le bien de ſa nation.

Il fait tout son possible pour dissiper le ton rude de ses Officiers, & inspirer de l'humanité à ses soldats. Il existe encore dans ce pays une autre sorte de Troupes, qui se nomme Plajalschen, qui se tient sur les confins de la Transilvanie & de la grande Valachie, depuis Morga jusqu'à Orsova, dont le but est d'empêcher la désertion ou la transmigration hors du pays, comme aussi d'empêcher les voleurs Turcs d'y pénétrer. Ces dernières Troupes sont commandées par le Capitaine Peter Vanscha, lequel, dans la dernière guerre des Turcs, étoit connu sous le nom de Haram Bassa, étant conducteur ou chef de la grande & riche bande de voleurs Turcs. Cet homme singulier a mérité le titre honorable dont il jouit actuellement, en sauvant l'Empereur François des Turcs, & l'arrachant, pour ainsi dire, du danger de tomber entre leurs mains près de Lormea.

On doit dire, à l'avantage de

cette nation, qu'il s'y eft montré des gens de cœur & de mérite ; on en a la preuve dans les fervices importans qu'a rendu le Capitaine Ducca dans la dernière guerre, quoiqu'âgé de 80 ans : on doit ajouter à l'honneur de cet homme, que jamais il n'a voulu aucune récompenfe ; il a donné au contraire de grandes preuves de défintéreffement & d'attachement pour le fervice de notre Monarque.

Je vous écrirai plus au long par la fuite fur ce que je fais des mœurs & du caractère de habitans de ce pays, mais je ne ferai qu'une petite addition à mon journal d'hier.

Tous les matins je fuis éveillé par un bruit effroyable qui fe fait entendre dans toute la ville ; c'eft par les galériens qu'on mène au travail enchaînés deux à deux. J'apperçois de tous côtés des figures pâles & abattues qui fortent de très-belles maifons. Les femmes & les filles ont de gros ventres,

refte des fièvres qu'elles ont éprou-
vé. A cet afpect, je crois être tranfporté dans le royaume des morts.
Les hommes me paroiffent des
fpectres, & leurs maifons de beaux
tombeaux. A table, excepté quelques étrangers & moi, je crois
que prefque tous les convives éprouvent quelqu'accès de fièvre; quelques-uns font entendre le claque-
ment des dents, & d'autres boivent
à force, pour éteindre la foif qui
les dévore.

J'ai été vifiter le canal dont je
vous ai parlé; on y embarqua une
centaine de ruches pour les mouches à miel, qu'on alloit établir fur
les pâturages pour tout l'été. Pour
foixante ruches on met un homme
pour les gouverner; ces ruches ont
quatorze pouces de largeur, & font
faites avec des planchettes liées enfemble, au moyen de verges d'o-
fier, & elles fe terminent en pointe
par le haut; de cette manière elles
forment une pyramide creufe ou

cône renverfé , dont le fond eft ouvert. On place ces ruches à deux ou trois pouces au-deffus de la terre, ce qui donne de la facilité aux mouches à miel d'entrer & de fortir de la ruche ; elles y établiffent leur travail au moyen de quelques petites bandes de bois étroites qui font placées au milieu. Je dois vous ajouter ici qu'on en agit fort mal à l'égard de ces induftrieux animaux, ainfi que dans toute la Hongrie ; car pour recueillir le miel , on fecoue avec force ces ruches fur des vaiffeaux de bois , dans lefquels les mouches tombent avec violence , comme le miel , où elles font écrafées enfuite & foulées pêle-mêle avec des pilons de bois.

Vers le foir de la même journée, je fus vifiter les prifonniers , parmi lefquels on me fit remarquer un fameux voleur qui , l'été paffé , avoit fait beaucoup de dégât aux Turcs : on le tient enfermé , m'a-t-on dit , par condefcendance pour la Porte.

C'eſt un bel homme, jeune & très-
bien mis, qui étoit autrefois un
riche Négociant en Servie ; on ſait
qu'il n'avoit pris ce parti qu'à deſſein de ſe venger des outrages que
les Turcs lui avoient fait éprouver
ainſi qu'à ſa famille : à ſon air har-
di & grand, & d'après les entrepriſes qu'il a menées heureuſement,
on a lieu de croire qu'il ſeroit devenu un fameux partiſan, s'il eût
été autoriſé.

Par tout ce que je viens de vous
dire, vous verrez que mon ſéjour
dans cette ville n'a pas été des plus
agréable ; mais malgré mon dé-
goût, il faut que j'attende encore
que M. le Commiſſaire de la Cour
avec lequel je voyage, ait fini ſes
affaires.

LETTRE III.

Des habitans du Bannat de Te-mesvar, leurs mœurs, leur éducation & leur vie.

LES Peuples qui habitent ce pays font les Raizes, les Valaques & des Allemands; mais ces derniers font regardés comme étrangers, quoi-qu'ils en faffent les trois quarts. Les Raizes tirent leur origine des Scy-thes; ils ont habité la Dacie, & en-fuite la Servie, ils fe nomment en-tr'eux Srbi : cette langue eft l'Ef-clavone corrompue ou l'Illyrienne. On n'eft pas auffi certain de l'ori-gine des Valaques. Le mot *Romun* qu'ils emploient pour fe nommer, défigneroit affez que ce peuple eft un refte d'une colonie Romaine, ou d'une nation foumife aux Ro-mains. Les médailles ou pièces de

monnoie & les veſtiges de tombeaux qu'on trouve abondamment
dans les parties montagneuſes du
pays , & auprès du Danube , en
ſont des marques certaines. Leur
langage en eſt encore une autre
preuve. Les mots *ʒara* , *mori* &
dardellia , par exemple, qu'ils emploient, ſont un reſte de latin cor-
rompu ; cependant ce qui m'em-
barraſſe & m'arrête , eſt de voir
qu'il ſe trouve dans cette langue
des mots qui n'ont aucune ſorte
de rapport avec la langue latine ,
tels que *rame* , *kupfer* , *mangar* &
eſſen. Il y a plus , la terminaiſon
de leurs mots , & la manière de
les conjuguer ſont auſſi très-diffé-
rentes de la langue latine. La manière de vivre de cette nation eſt
très-ſauvage, leurs mœurs ſont très-
brutes ; ils ſont privés de religion ,
d'arts & de ſciences ; leurs enfans
ſe baignent dès le bas âge à l'air
libre dans de l'eau chaude , en hiver comme en été , & s'envelop-

pent en conséquence dans un morceau d'étoffe grossière de laine. Depuis huit ans jusqu'à douze ou quatorze, ils sont employés à la garde des troupeaux. Les jeunes filles sont instruites dans ce qui concerne le ménage; elles dépouillent les coques de soie & la filent. Quand elles ont atteint l'âge de quatorze ans, elles travaillent aux champs. Le bled de Turquie est ce que ce peuple cultive le plus; cependant ils sement aussi de l'orge, du seigle & des pois; ils fabriquent une sorte d'eau-de-vie avec leurs fruits, qu'ils nomment *ratie*, & qu'ils boivent abondamment. Leur nourriture est aussi simple que leur habillement, elle consiste le plus ordinairement en une espèce de pain fait sans levain, & cuit entre les cendres chaudes, qu'ils nomment *malai*. Le surplus de leur nourriture est très-peu de viande, du lait, du fromage, des haricots & quelques fruits. A l'égard de leur

manière de s'habiller , elle varie
beaucoup entr'eux; mais le plus
communément les hommes portent une espèce de haut-de-chausse
de laine blanche , à la manière des
Hongrois, mais pas tout-à-fait si
étroite , des souliers ou pantoufles
faits de peau de bœuf non travail-
lée , une chemise qui est ouverte
sur la poitrine , à la manière fran-
çoise, & un juste-au-corps de laine,
à manches longues , avec un bon-
net fourré ou fait avec de la peau.
Les femmes ont de longues che-
mises qui leur pendent jusqu'à la
cheville des pieds, & une sorte de
tablier devant & derrière, de couleur , lié par une ceinture ; cette
espèce d'entourage leur sert de ju-
pon, & elles se mettent là-dessus
une espèce de robe ou casaquin
d'un gros drap , qui est toujours
plus court que la chemise ; quelquefois elles se recouvrent la tête
avec une espèce de chapeau fait avec
du crin & de la paille , & recou-

vert avec du drap. Les filles ont la tête nue ; leurs parures confiftent en pendans d'oreilles faits avec du fimilor, en pierres fauffes & en perles, & elles portent auffi différentes fortes de colliers : cet appareil fait qu'on entend une Valaque ou une Vaize endimanchée, d'auffi loin qu'on peut la voir. Ces filles fe marient fort jeunes, mais les Vaizes plus jeunes que les Valaques ; fouvent on en voit de douze à quatorze ans déjà mariées, & dont les maris ne font pas plus vieux. Il y a quelques métiers auxquels ils paroiffent propres naturellement. On ne trouve parmi eux ni charrons, ni tifferands de profeffion, chaque Valaque eft charron foi-même & tifferand. Nulle part on ne voit une femme défœuvrée, qu'elles marchent ou non, on les voit toujours travailler ; elles apportent ordinairement fur la tête ce qu'elles vont vendre au marché ; elles portent auffi quelquefois un enfant fur leur tête,

pendant

pendant qu'elles ont une quenouille à leur côté avec laquelle elles filent tout au long du chemin. Ces femmes font elles-mêmes tout ce dont elles ont besoin. On ne voit parmi eux personne d'une profession différente, mais on n'y voit aussi aucun mendiant. Pour ce qui est de la Religion, je ne saurois trop que vous en dire, toutefois ils se reconnoissent de ceux que nous nommons *Græci Ritus non unitorum.* Dans le vrai, ils n'ont pas plus de religion que leurs animaux ; à l'exception d'un carême, qui leur prend à-peu-près la moitié de l'année, & que souvent ils observent si rigoureusement, qu'ils n'osent manger ni chair, ni poisson, ni œufs, ni lait, ils n'ont d'ailleurs aucun autre devoir de religion ; ce carême leur est si sacré, que rien n'est capable de le leur faire modérer ni de le leur faire interrompre. Un voleur même de cette nation, pendant ses brigandages, l'observe très-scru-

puleufement ; & ce qu'il y a de
fingulier, eft qu'il dit que Dieu ne
béni oit pas fes entreprifes fans
cela. Dans quelle affreufe barbarie
n'eft pas ce peuple, & combien l'i-
dée de la vertu eft méconnue chez
cette efpèce d'engeance ! L'ignorance des Bonzes n'eft certainement
pas plus grande que celle des Prêtres de ce pauvre peuple ; ils les
nomment Popes, mais ces Popes
ne font d'ailleurs diftingués par rien
des autres hommes ; ils cultivent
leurs champs, agiffent de la même
matière & gardent auffi leurs troupeaux ; vendent & achètent avec
les uns & les autres précifément
comme les Juifs, & marchandent
de la même manière leurs fonctions miniftérielles, qu'ils taxent le
plus haut poffible, fur-tout les of-
frandes & les abfolutions, qui font
les deux points capitaux de cette
forte de Religion. Les fages réglemens que notre Souveraine a faits
pour faire fructifier la vraie Reli-

gion parmi ces peuples , & détruire les fauſſes idées de ces Popes,
ont été juſqu'ici ſans effet.

Les uſages & les cérémonies de
cette Religion ont plus de rapport
avec le Judaïſme qu'avec la Religion Chrétienne ; par exemple ,
jamais une femme parmi eux n'o-
ſeroit tuer un animal de quelque
eſpèce qu'il ſoit.

Les nouvelles mariées ſont voi-
lées le jour de leurs noces , auſſi
bien que la veille; ce jour-là elles
ſont obligées de donner un baiſer
à celui qui leur ôte ce voile ; mais
auſſi elles acquièrent par-là le droit
d'exiger de lui un préſent. Les femmes , dans les Egliſes , ſont ſéparées des hommes. Les enterremens
ſont ce qu'il y a de plus plaiſant
parmi eux. Ils tranſportent leurs
morts avec des hurlemens effroya-
bles ; auſſi-tôt que les Popes ont
marmoté quelques mots , on les
deſcend dans la foſſe : pendant ce
tems, les amis du mort & les per-

fonnes qui étoient de leur connoiffance, pouffent de grands cris, &
difent qu'il avoit des parens, des
amis, des enfans, des troupeaux,
& lui demandent pourquoi il eft
mort. Après l'avoir arrangé dans
la tombe, on met fur fa tête une
croix & une grande pierre, afin,
difent-ils, qu'aucun Wampir ne
les vienne fuccer : on parfume le
tombeau, & on y verfe du vin à
deffein de le purifier ; cela étant
fait, ils retournent à la maifon ;
ayant fait du pain avec la farine de
froment, on le mange dans l'intention de s'attirer la bienveillance
de l'ame du défunt, après quoi on
fait un feftin auffi bon que les
moyens de la maifon le permettent.
On va crier fur le tombeau & l'ar-
rofer avec du vin pendant quelques
jours, & fouvent même pendant
plufieurs femaines. Quand un jeune
homme meurt, on lui fait les plus
grands honneurs à leur manière ;
on place fur fa tombe une perche

à laquelle la veuve a attaché une couronne de fleurs , un bout d'aile d'oiſeau & un morceau de drap.

Ces Peuples ne vont jamais dans nos Egliſes ; & ſi par haſard ou par obligation , quelques-uns d'en-tr'eux y entrent , ils ſe lavent auſſi-tôt qu'ils en ſont de retour, dans l'intention de ſe purifier.

La plupart craignent beaucoup l'eau - bénite qu'on leur jette , ils croient que cela les rend impurs au plus haut degré ; en conſéquence de cette idée , ils ont grand ſoin de laver les habillemens ſur leſ-quels elle s'eſt répandue. Leurs Prêtres ou Popes les aſpergent avec un petit bouquet d'hyſope , d'une autre eſpèce d'eau-bénite , en pro-nonçant quelques paroles.

Pendant bien du tems je n'ai pu comprendre ce que les Valaques veulent dire par les mots *Frate de cruce* , ce qui ſignifie freres de la croix ; *mangar cruce* , qui ſignifie mangeurs de croix ; mais à la fin je l'ai appris : le voici. Lorſque deux perſonnes, ou pluſieurs enſemble, veulent ſe vouer une amitié inviolable, & deſirent de ne ſe quitter ni à la vie, ni à la mort, ils mettent dans un vaſe une croix où ils boivent & ils mangent, en prononçant leur ſerment ; cependant cette grande amitié n'eſt ſouvent autre que de ne ſe pas voler les uns les autres ; ils en font de même quand ils veulent s'attacher quelqu'un de la manière la plus forte ; par exemple, quand les voleurs lâchent quelqu'un, dans la crainte d'être décelés par lui, ils lui font jurer par le ſel, par le pain & par la croix, qu'il ne les décèlera pas ; cela s'appelle jurer *pe cruce, pe pita, pe fare.* Quant à leurs loix Canoniques, elles ſont auſſi fort différentes des nôtres. Le vol & l'adultère ne ſont regardés pour rien parmi eux ; & cependant, par une contradiction inconcevable, ſi une fille tombe dans quelque faute

contre fon honneur, elle eft diffa-
mée, & elle eft regardée comme
ayant commis un très-grand péché.
Pour le meurtre, il ne peut être
abfous par leurs Prêtres mêmes. Il
n'y a que Dieu feul, difent-ils,
qui le puiffe. Les affaffinats ne
font rien moins que rares parmi
eux. La raifon de ces contradic-
tions peut fe trouver, je penfe,
dans l'idée imparfaite qu'ils ont de
la divinité & de la morale ; car
comment pourroient-ils avoir des
idées nettes des devoirs de l'homme & de la fociété ? Toutes les
chofes ou fignes qu'ils ne peuvent
comprendre, ils les regardent
comme des œuvres furnaturelles ;
une éclipfe de foleil eft un combat
de dragons chaffés de l'enfer ; auffi
dès qu'ils voient ce phénomène,
ils font beaucoup de bruit, &
tirent continuellement des coups
de fufil pour empêcher, difent-
ils, que ces dragons ne dévorent
le foleil, & qu'on ne foit plongé.

dans une obſcurité perpétuelle.

Il y a dans ce pays une quantité infinie de petits inſectes qui ſortent au printems des trous pratiqués dans de certains rochers qui ſe trouvent près du lieu nommé Columbaǎtz, aux confins de la Tranſilvanie ; ces inſectes qui ſe répandent par-tout, dévorent les récoltes, & qui tourmentent les animaux, ſouvent juſqu'à les tuer, ſont regardés parmi ces peuples comme ayant été vomis par le diable ; ils croient auſſi qu'un Chevalier de *St.* George a la commiſſion, de la part de Dieu, de couper la tête à ce diable dans l'enfer.

Jamais les Valaques n'oſeroient ſe ſervir d'une broche de hêtre pour faire rôtir leur viande, à cauſe d'un ſuc rougeâtre dont eſt pourvu cet arbre au printems, & par la raiſon que les Turcs s'en ſervent pour empaler les Chrétiens.

De tous les ſupplices, celui de la corde eſt celui qu'ils haïſſent le

plus ; il leur répugne beaucoup
moins d'être roués, par la raison
que dans cette occaſion, l'ame ſort
du corps tout à ſon aiſe, au lieu
que dans la pendaiſon l'ame ne peut
ſortir par la voie naturelle , &
qu'elle eſt forcée de ſe faire un
paſſage ailleurs pour s'eſquiver.

Par ce que je vais vous expoſer,
vous jugerez encore mieux de l'extrême ignorance & de la ſimplicité
de ces peuples. Si on demande à
un Valaque combien il a d'années,
il répond qu'en telle ou telle époque il naquit, ou qu'il fut marié ;
ils citent ſouvent le ſiége de Bel-
grade par les Turcs, comme très-
mémorable parmi eux, pour fixer
une époque. D'après cet expoſé,
c'eſt à vous à compter, ſi vous
voulez ſavoir leur âge au juſte.

Les pièces de monnoie ne ſont
pas connues généralement parmi ces
peuples, il n'y a pas même de mots
chez eux pour les déſigner toutes ;
il en eſt de même à-peu-près des

poids ; ils jugent de la contenance d'un vase par sa pesanteur ; ils se servent cependant d'un poids qu'ils nomment *occa* ; c'est un poids des Turcs, qui répond à deux livres & un quart ; ils divisent ce poids en huit parties, qu'ils appellent *litres* ; chaque litre se subdivise en cent drams. Remarquez, s'il vous plaît, qu'il y a beaucoup de rapport entre le mot dram & le mot dragma des Romains. A l'égard de la différence qu'il y a entre le caractère des Valaques & les Raizes, la voici. Les Raizes sont orgueilleux, entreprenans, dissimulés, ils aiment le commerce, & sont capables de faire de bons soldats : au contraire, les Valaques ne sont point orgueilleux, ils aiment beaucoup tout ce qui a rapport au ménage, & cherchent plus volontiers toutes les commodités de la vie ; ils haïssent le métier de soldat. Mais ce en quoi ils se ressemblent, c'est qu'ils ont d'égales dispositions pour le vol , &

qu'ils font également foumis à leurs *Popes* ou Prêtres. Ces Prêtres fe fervent des caractères Grecs, mais ils leur donnent des fignifications différentes. Remarquons encore que les Prêtres des Raizes ne font pas tout-à-fait fi ignorans que ceux des Valaques.

Je me fuis d'autant plus déterminé à vous faire la defcription de ces peuples, en attendant mieux, que je vois que perfonne ne s'en eft occupé, du moins perfonne n'en a décrit l'origine, les mœurs, les ufages & la vie. Demain nous partons d'ici, & vous aurez dans peu des détails qui font de notre compétence, & qui, par cette raifon, vous intérefferont davantage.

LETTRE IV.

Voyage de l'Auteur de Temefvar à Oraviza ; Divifion & Obfervations des Montagnes ; Confeil des Mines de cette Province.

LES Villages des Valaques, par lefquels j'ai paffé pour venir à Oraviza, n'ont rien d'affez remarquable pour mériter votre attention. Il fuffit de vous dire que la plaine qui eft au-delà de Temefvar, & par laquelle on eft obligé de paffer pour aller à Oraviza, a douze lieues d'étendue, & que ce n'eft qu'après nous être approché de quelques lieues de cette Ville, que nous avons apperçu quelques côtes ou élévations à la droite, qui confiftent en argille endurcie, ou chyte mêlé avec du mica. Ces côtes font les prémontoirs des montagnes ou leurs avances ; peu-à-peu nous les montâmes & entrâmes dans la vallée dans laquelle eft fituée la ville d'Oraviza, d'où je vous écris actuellement. En entrant dans la vallée , je vis le chyte graniteux, dont je vous parle, recouvert par la pierre calcaire ; peu - à - peu il difparut à nos yeux & s'enfonça fous cette pierre calcaire qui couvre communément la roche dans tout ce pays-ci.

Arrivé à Oraviza , je cherchai à voir M. Délius , Affeffeur de la direction des Mines, que je n'avois connu jufques - là que d'après la grande réputation qu'il s'eft acquife dans l'art d'exploiter les Mines ; mais fes grandes occupations ne lui ont pas permis jufqu'ici de s'entretenir avec moi comme je l'aurois defiré, de tout ce qui regarde les Mines de ce pays, & les montagnes qui les renferment ; cependant j'ai fait la connoiffance d'un autre très-habile Mineur, qui m'a fait part d'un très-bon détail fur les Mines, & fur quelques autres fujets qui y font relatifs, dont je veux vous faire part. Le voici.

Si on partage ce pays par une ligne droite, qui paffe par la ville de Temefvar, la partie qui fera à l'oueft de la ligne, fera le pays montagneux & celui où il faut chercher les Mines. Chaque fois que je parlerai de la fituation des Mines, relativement à leur point géographique, il faut entendre toujours que c'eft en comptant de la ville de Temefvar. Les mines qui font en exploitation dans cette Province, font les Mines de fer de Bofeghan, lieu qui fe nomme proprement Paffioven, où l'on a ouvert dernièrement une autre Mine de fer. Un peu à l'eft de là, font les Mines de cuivre de Dognaska. Un peu plus loin font celles d'Oraviza & de Saska. Au fud, font celles que l'on nomme Bosniack, ainsi que celle du nouveau Moldave. Dans cette partie du Pays-plat, qui est entre Saska, Bosniack & les montagnes qui s'étendent jusqu'au Danube, on retire de l'or des terres par le lavage, tant des sables qu'entraînent les rivières de Néva & de Ménisch, que des terres du Continent.

Toutes les Mines sont partagées en quatre exploitations générales ou directions d'exploitations ; & toutes les directions des Mines relèvent du Conseil - Supérieur des Mines, qui est à Temesvar ; mais à l'avenir ce Conseil ne sera composé que d'un Président, d'un Conseiller, d'un Référendaire & d'un Secrétaire. Les autres parties de ce Conseil, ensemble la Chancellerie & les personnes qui en dépendent, résideront à Oraviza, *de sorte qu'il y aura deux Conseils-Supérieurs ; mais celui d'Oraviza sera, à proprement parler, le Conseil des Mi-*

nes, & celui qui restera à Temesvar fera les fonctions de Chambre des Comptes. Les Mines qui sont dans la Haute-Hongrie, près de Grosvardin, & la Direction de Rreszbanien, dépendent aussi de ce Siége.

LETTRE V.

Police & arrangement des Mines du Bannat de Temesvar.

LES Turcs ont fait exploiter ces Mines lorsqu'ils étoient possesseurs de cette Province ; mais pas avec le même avantage qu'on en retire aujourd'hui. Lorsque ce Pays fut reconquis sur eux, non-seulement les anciennes exploitations furent relevées, mais encore il en fut établi de nouvelles aux dépens de l'Impératrice - Reine ; cependant quelque tems après, ces Mines furent offertes librement au Public ſous les conditions ſuivantes : 1°. Sa Majeſté laiſſe les exploitations des Mines aux Particuliers & Compagnies, avec l'étendue néceſſaire, qui leur ſera réglée par le Conſeil des Mines (1).

2°. En conſéquence de cette liberté, tous les Particuliers ou Compagnies ſeront tenus de livrer, pour le compte de Sa Majeſté, tous les

---

(1) C'eſt une règle dont ſe ſont ſervis preſque tous les Princes du Nord & de l'Allemagne, pour leur impoſer des droits qu'ils n'auroient pas cru fondés ſans cela ; les Rois de France méritent à cet égard de grandes louanges, puiſque de tout tems ils ont traité leurs ſujets avec la plus grande bonté, & que non-ſeulement ils leur ont concédé très-volontiers les Mines, mais que même ils leur ont fait ſouvent remiſe du droit de dixième impoſé ſur les mines métalliques en général ; ils ont été par conſéquent bien éloignés de s'emparer des mines, lorſqu'elles étoient devenues profitables entre les mains des Particuliers, comme font les Princes de ces Pays ; mais rien n'égale la rigueur qu'on exerce pour le Roi d'Eſpagne en Amérique ; il eſt défendu, ſous peine de mort, d'approcher des mines en exploitation pour le compte de Sa Majeſté Catholique & ſi quelque perſonne s'en approche, il eſt permis de tirer deſſus.

produits des Mines , fur un pied réglé d'après la dépenfe qu'on aura faite pour les extraire ; par exemple , fi le cuivre revient à l'exploitation à 32 florins le quintal , il fera payé quatre florins en - fus par Sa Majefté.

3°. Mais comme on fe fervira des fonderies établies pour le compte de Sa Majefté ou des Seigneurs , il fera payé pour droit de cens ou d'ufage, la valeur de fept & demi pour cent de cuivre.

4°. Il fera réfervé pour le compte de Sa Majefté , dans toutes les exploitations des mines , deux actions franches , (c'eft-à-dire , pour lefquelles on ne fera pas de fonds.) Il en fera réfervé de même une pour les pauvres, & une autre pour l'entretien de l'Eglife.

5°. Sa Majefté fe réferve toujours le droit de commander & d'ordonner ce qu'elle jugera convenable aux exploitations des Mines.

6°. On paiera à la direction des

droits de Sa Majesté, le droit qui sera imposé pour la boisson employée dans les Mines. Je dois vous remarquer ici que cet article a causé beaucoup d'embarras, tant de la part des personnes préposées pour lever ce droit, que de celle des exploitans ; car il faut à chaque instant faire des vérifications & des contrôlages, qui ne peuvent se faire que de l'aveu du Conseil des Mines, & d'après son arrêté.

7°. Enfin Sa Majesté s'engage de procurer aux exploitations les bois, le charbon & les denrées qui leur seront nécessaires, pour un prix très-modique, ce qui sera réglé par le Conseil. Par exemple, pour une toise cubique de bois à abattre, on paiera la valeur de vingt-quatre sous.

Le Conseil des Mines règle aussi le paiement ou gages des Mineurs, Conducteurs & Ouvriers ; mais ces

prix font auffi différens que les
lieux où l'on exploite des Mines.

Outre l'avantage que l'on a par-
là de procurer aux exploitations à
bon marché, le bois & toutes les
autres chofes néceffaires, & aux
Mineurs le moyen de vivre com-
modément, on a encore celui de
diriger l'exploitation des Mines plus
régulièrement qu'elle ne feroit fans
cela. Il réfulte en outre un autre
avantage de cet arrangement pour
les Mineurs; c'eft qu'on leur fournit chaque mois, foit qu'ils travaillent dans les fonderies ou dans
les laveries, un demi - boiffeau de
grain, & autant de bled de Turquie ou mays; c'eft ce qu'on appelle la portion de grace. On ne
compte avec eux que tous les mois,
& on leur livre alors toutes les
denrées qui leur font néceffaires,
qu'ils paient avec leurs appointemens: c'eft encore d'après cet arrangement que les Mineurs font

logés, & qu'ils font fecourus d'un Médecin. Le Médecin reçoit, outre fes appointemens, une certaine fomme pour les médicamens qu'il eft obligé de fournir aux Mineurs. D'après cet arrangement, il eft aifé de croire que les Médecins tirent au plus court ; mais pour éviter l'inconvénient qui peut en réfulter, on a fait un arrangement avec les Apothicaires, fuivant lequel ils doivent fournir aux Médecins les médicamens à moitié moins cher qu'aux autres particuliers ; & afin de mettre encore plus d'ordre dans cet objet, il fe fait tous les ans, par un Médecin – Infpecteur, une vifite générale, dans laquelle il conftate fi les remèdes que ces Médecins de campagne emploient font en bon état. Ces Médecins font obligés de plus de tenir un regiftre de l'état de chaque malade, & de l'emploi journalier des médicamens que le Mé-

decin-Inspecteur visite & critique
s'il le juge à propos (1).

LETTRE VI.

*Des Montagnes, des Filons, des
Uzines qui se trouvent près d'O-
raviza ; détail de l'exploitation
des Mines, & leur produit.*

LA vallée dans laquelle est la
ville d'Oraviza, est confinée au
midi par les montagnes de Vadar,
d'Esiklovar & de Temesvar ; au
nord, par celles d'Ilfar & de Cor-

______

(1) C'est un usage établi dans toutes les parties de l'Allemagne, d'avoir un Médecin-Inspec-
teur des Pharmacies & des Hopitaux ; mais
comme il n'y a pas de règle, quelque bonne
qu'elle soit, qui n'entraîne après elle quelque
abus, il y en a aussi dans cet usage. Ces places
sont souvent données à la faveur, & ce sont
quelquefois des ignorans qui vont faire le procès
à d'habiles gens.

nudifar. Ces montagnes font comme toutes celles de la Province de
Temefvar, en pente douce, &
couvertes d'arbres. La roche qui
conftitue ces montagnes, eft une
argille pétrifiée avec du mica &
des grains de feld-fpath ou *petunfé*.
Sur cette roche graniteufe, fe trouve une forte de chyte micacé &
très-fouvent auffi une pierre fableufe & une pierre calcaire ; c'eft
entre ces deux différentes fortes de
roches que fe trouvent les filons ;
on nomme ces filons veines, parce
qu'elles ne confervent ni leur direction ni leur dimenfion ; & à
peine, parmi toutes celles qui font
aux environs d'Oraviza, s'en eft-il
trouvé une feule qui faffe exception
à cette règle, & qui ait pu com-
por er une gallerie de 50 toifes
d'étendue.

Je fus hier vifiter les Mines qui
fe trouvent dans la montagne nom-
mee Colchowiler : prefque toutes
ces mines font traverfés par une gal-

lerie générale , qui a 10 pieds de hauteur , 229 toifes de longueur , & qui eft enfoncée de 19 toifes au-deffous de la furface de la terre. Parmi ces Mines, celle qui donne le plus , eft celle qu'on nomme Rochus ; c'eft par des contre-galleries quon fouille ces veines. La pierre calcaire fait ici le toît, & le chyte , dont nous avons fait mention , en fait le chevet. Il en eft de même des autres veines , avec cette différence néanmoins , que tantôt la pierre calcaire en fait le toît, que tantôt elle en fait le chevet, & que tantôt on trouve de la pierre fableufe à la place du chyte. La gangue de ces veines eft elle-même quelquefois calcaire , & quelquefois elle eft gypfeufe.(1) On remarque que plus cette gangue eft homogène & fpathique , plus

---

(1) Quelques Obfervateurs en Minéralogie ont cru avoir vu qu'il n'exifte jamais de gyps dans les vrais filons ou mines primitives , qu'excepté dans

les

les Mines qui s'y trouvent font riches.

J'étois très-aife de me trouver ici à portée de vérifier ce que M. Délius, Affeffeur des Mines, a publié dans une differtation à Vienne, où il prétend que les filons ne fe trouvent guère qu'entre deux fortes de roches différentes. Pour juger de ce principe, je vifitai le lendemain la Mine nommée Cornudilfar; en effet, on m'y affura que par-tout, la roche qui faifoit

---

les mines en couches, comme font celles de Saalfeld & de Mansfeld, on n'y a rien trouvé jufqu'ici de gypfeux; & que ce qu'on y a regardé fouvent comme du gyps, eft le fpath pefant, qui, à la vérité, a été décrit par M. Margraff, à l'occafion de la pierre de Bologne, comme un vrai gyps; mais nous penfons que cet Auteur s'eft fait illufion. Le fpath pefant contient à la vérité de l'acide vitriolique, mais cet acide n'y eft pas libre, c'eft-à-dire, qu'il n'y eft pas combiné directement avec la terre calcaire, mais bien avec le phlogiftique; de forte qu'au lieu de gyps, cette pierre eft une combinaifon du foufre avec la terre calcaire; ce qui forme un corps tout particulier, que nous avons fait connoître dans le Journal de M. Rozier, *tome II, pag* 24.

C

le chevet, étoit de la nature des pierre cornées, & que celle qui faiſoit le toît, étoit de nature calcaire. Mais, ſelon mon uſage, je portois un échantillon de ces roches au jour, afin de les mieux juger & de les eſſayer, & je trouvai que ces deux ſortes de roches étoient de même nature, qu'elles étoient toutes les deux calcaires & granuleuſes ; que cependant l'une des deux étoit un peu plus dure, & que c'étoit préciſément celle-là que les Mineurs avoient nommé pierre cornée. C'eſt peut-être cette dénomination fauſſe qui a induit en erreur M. Délius, & l'a porté à former ſon ſyſtême. (1). Il en eſt de

____

(1) Ce n'eſt pas ſur cette dénomination fauſſe que M. Délius avoit établi ſon ſyſtême. Ce célèbre Mineur avoit vu, en pluſieurs occaſions, que la roche calcaire couvroit les mines, & il en conclut dans ſa diſſertation, que les filons ne ſe trouvent jamais qu'entre cette roche & l'ancienne roche, & que les filons ne doivent leur origine qu'à l'addition qui s'étoit faite d'une nouvelle matière à l'ancienne roche.

même d'autres Mines, telles que celles qu'on nomme *la volonté de Dieu*, le *nouvel Elie*, &c. & où les Mineurs nomment tout aussi mal-à-propos cette roche calcaire dure, pierre cornée ; indépendamment de cela, on trouve dans quelques autres Mines que la roche est tantôt un gyps jaunâtre, & tantôt une sorte de spath gypseux qui luit dans l'obscurité, après avoir été chauffé. Il n'y a rien ici de bien extraordinaire & qui soit digne de votre attention, si on en excepte que les veines qui se trouvent dans les Mines de Cornudilfar, conservent leur direction contre la règle commune, & qu'il se trouve une grande veine remplie de terre d'argille dans la Mine nommée *Servati*, qui traverse tous les filons qui s'y trouvent (1).

---

(1) En France nous nommons les veines ou filons remplis de terre grasse, filons morts ; car il semble en effet que la nature a manqué ici son travail. Quand ils traversent les bons filons, ils

Les espèces de Mines les plus ordinaires qui se trouvent près d'Oraviza, sont la Mine de cuivre jaune ou pyrite cuivreuse, la Mine de cuivre brune ou hépatique ; celle-ci a souvent plusieurs sortes de couleurs à sa surface. Il y a aussi une autre sorte de pyrite qui est mélangée avec de l'or, elle contient du cuivre ; il sembleroit que l'état de cette Mine est dû à l'efflorescence de sa substance (1). La Mine de cuivre blanche (*ou le*

---

les appauvrissent ordinairement. A Sainte-Marie-aux-Mines, il s'en voit beaucoup qui sont fort ocreux.

(1) Quelques Naturalistes, d'après ce qu'ils voient se passer dans leurs laboratoires, ont supposé dans la formation des mines, des efflorescences, des transports, des décompositions ; mais s'ils eussent réfléchi, ils auroient vu qu'un filon qui est garni de mines ou d'autres minéraux, ne laisse pas l'espace nécessaire pour ces opérations. Une substance renfermée dans le sein de la terre, est bien différente de ce qu'elle devient à l'air libre, & il n'en coûte pas plus de tems à la nature pour produire les mines sous forme de chaux & directement, que sous forme métallique.

fahlerz des Allemands) que Cronſtedt décrit §. 199, *p.* 187 de ſa Minéralogie, ſe trouve abondamment dans la montagne Vardaner ; elle n'eſt pas à la vérité ſi blanche que celle qui ſe trouve à Horngrund dans la Baſſe - Hongrie ; mais elle tient plus d'arſenic & d'argent. Dans la même montagne, il y a à peu-près vingt ans, on a trouvé de la très - belle mine de cuivre malachite, que je n'ai pas été aſſez heureux de retrouver ; mais on m'apporta en revanche un très-beau morceau de mine de cuivre azurée, cryſtalliſée, qui provient d'une autre exploitation. Les cryſtaux qui compoſoient ce morceau étoient oblongs & quadrangulaires, dont les extrémités étoient tronquées. J'obtins encore avec beaucoup plus de plaiſir pluſieurs morceaux de mine de cuivre ſous forme de chaux ou ochre rouge de tuile, dont une partie étoit tombée en poudre, & l'autre avoit conſervé de la solidité. Il me semble que Cronstedt n'a pas décrit cette espèce, à moins que ce ne soit celle dont il parle au §. 196 ou au §. 194, comme ayant été trouvée à Sunnerkog & à Dal dans l'Ostenbourg : d'ailleurs je ne l'ai pas vu décrite chez d'autres Minéralogistes. Parmi les échantillons que j'en ai rassemblés ici, il s'en trouve un qui est de cuivre vierge, entouré d'un ocre rouge de cinabre très-vif ; les yeux les plus exercés y seroient trompés, s'ils s'en tenoient à la couleur, car ils prendroient cet ocre pour être du cinabre véritable, *tandis que cet ocre est de la chaux de cuivre la plus pure ; aussi est-elle fort riche en cuivre, puisqu'elle peut donner 80 livres de cuivre par quintal ;* celle qui est plus jaune n'en donne que 60 liv. au quintal.

Comme les filons qu'on exploite ici ne vont pas fort profondément, une manivelle ou treuil suffit pour enlever les matières des fonds. On y emploie des cordes faites avec l'écorce d'arbre, qui durent des six à neuf mois : on va ici au plus court pour l'épargne ; on se sert de chandelles, mais elles ne luisent pas si bien que nos lampes. Chaque Mine a son Inspecteur ou Maître Mineur, qui très-souvent travaille comme les autres. Deux sortes d'ouvriers sont employés dans l'intérieur de ces mines ; les uns sont pour les travaux grossiers, & les autres fouillent la mine à prix fait ; ces derniers sont obligés de livrer la mine toute éparée à la Fonderie, & d'entretenir les étais des parties où ils travaillent ; les prix sont toujours relatifs à la quantité de mine qu'ils livrent, & à la peine qu'ils ont pour l'extraire. Dans la mine nommée *Coschovi-fer*, le prix le plus haut ne va pas au-delà de 14 florins pour chaque quintal de mine ; mais quand la mine est aisée à travailler, ils n'ont

que deux, trois, jufqu'à dix florins
par quintal. Dans celle nommée
Cornudilfar, où la mine eft mêlée
avec une gangue fpathique, où
la mine eft rare, & où il faut par
conféquent plus de travail pour en
obtenir une certaine quantité,
on paie jufqu'à vingt florins par
quintal. Les Mineurs font divi-
fés en petites troupes, & chacune d'elles eft diftinguée par le
nom de celui qui a fait le marché.
Ces marchés font renouvellés tous
les trois mois; &, felon l'état & la
nature où fe trouve la mine, ils
font augmentés ou diminués. Il
réfulte de cet arrangement un très-
grand inconvénient, ou pour mieux
dire, une injuftice; car lorfqu'il
fe trouve un endroit dans le maf-
fif qui eft ou plus riche, ou plus
facile à exploiter qu'à l'ordinaire,
on les en ôte, & on y place les
Mineurs qui font payés par *tâche.*
Mais il en réfulte auffi un autre
inconvénient pour l'entreprife; car

dès que ces Mineurs s'apperçoivent
de quelques endroits riches , ou
lorsqu'ils font quelques découvertes , ils les cachent le plus qu'ils
peuvent. Tels font les défauts que
M. le Commiſſaire Hegengarthen
ſe propoſoit de détruire. Outre que
les Mineurs font leurs tâches de
huit heures , ils travaillent en outre deux heures de plus à la ſéparation des mines ; c'eſt en conſéquence de cela qu'ils ont la portion de grace dont nous avons parlé
précédemment.

LETTRE VII.

Voyage de l'Auteur depuis Oraviza jusqu'à Saska ; espèces de Mines & de Rochers qui se trouvent près de ce lieu.

J'ARRIVAI hier à Saska , qui est à quatre lieues d'Oraviza , avec une escorte de quelques Hussards Valaques , pour me défendre des voleurs qui infestent ce pays. L'espace compris entre ces deux villes , forme un fort beau pays ; on y a un changement perpétuel d'aspects différens , ce qui réjouit fort la vue. Tantôt on voit de petites vallées garnies de bons pâturages , & tantôt on voit de petites colines également fertiles. Dans cet espace , on a une roche argilleuse mêlée de mica. On y voit aussi des gros blocs de tems en tems

ſaillir hors de terre ; c'eſt une eſpèce de granit mêlé tantôt avec du
mica ou du choerl , & tantôt avec
du feld-ſpath.

Saska eſt placé dans une vallée
dont les hauteurs ſont en terre calcaire , laquelle eſt poſée ſur du
chyte. Cette terre calcaire a ſi peu
de ſolidité , qu'elle eſt entraînée
par les eaux de pluie, & qu'elle
vient ſe dépoſer dans la vallée. C'eſt
entre cette pierre calcaire griſe &
une roche formée par une ſorte
de marne mêlée de grains de baſalte (1) que ſe trouvent les veines
& filons de cuivre. Communément la roche calcaire en fait le
toît, & l'autre en fait le chevet.

L'exploitation des Mines fut re-
nouvellée vers l'an 1746, c'eſt-à-

____

(1) M. de Born regarde peut-être ici comme
du baſalte , tout autre choſe que ce que l'on connoît communément en France ſous ce nom ;
car ce qu'il y a de certain , c'eſt que le baſalte en
grains ou en cryſtaux ne s'eſt jamais trouvé en
France que dans du granit.

C 6

dire, après la reprife de cette Province fur les Turcs. On ne travailla d'abord que fur quelques veines au jour. Ce fut par les recherches des Valaques qu'on découvrit de vieux puits & de grandes *halles* (décombres) couvertes par des arbres déjà vieux, ce qui fit juger que très-anciennement ces mines avoient été exploitées vigoureufement. On me montra même fur les plus hautes montagnes des fcories de cuivre & de plomb, ce qui faifoit des preuves inconteftables que jadis il y avoit eu là des fonderies, quoiqu'on n'y trouve nulle eau qui ait pu faire aller les foufflets, ce qui feroit croire que dans les tems reculés on fe fervoit de petits fourneaux avec des foufflets à bras (1).

Maintenant le nombre des mines

---

(1) On peut le regarder comme un fait certain. M. Gmelin, dans fes recherches en Sibérie, a fait la même remarque, & a vu qu'on s'en fervoit encore aujourd'hui dans ces pays non policés, où les arts n'ont pas encore pénétré.

qui font exploitées eft fi grand, que vous en feriez fort étonné, fi vous étiez à portée de les voir. Les principales d'entr'elles font celles qu'on nomme le Nouveau Nicolas, Théréfias, Philippus & Jacobus. Cette dernière eft une des plus riches de tout le pays. J'y ai trouvé plufieurs morceaux de fpath calcaire & gypfeux (1), & plufieurs fortes de mines, dont je vous donnerai le détail plus loin. La gangue eft dans cette mine, comme dans toutes les autres, du fpath calcaire, ou elle eft d'une fubftance calcaire. On y trouve rarement du quartz. Dans plufieurs montagnes moyennes, notamment dans celle nommée Sainte-Marie, on trouve des mines en amas ou bloc, fi toutefois on peut nommer ainfi des efpèces de nids à mines qui ne comprennent qu'une petite

---

(1) Nous avons déjà expofé notre façon de penfer fur ce prétendu gyps.

circonférence entre les deux fortes
de roches que nous avons décrites.
Dans quelques montagnes plus élevées, on ne trouve fouvent que
des trous au - deffous du terreau,
dans la pierre calcaire. Ces trous
font pleins d'une forte de terre
ferrugineufe brune, qui donne de
deux à fix livres de cuivre au quintal ; & fans lui faire fubir aucune
préparation , cette terre eft tranf-
portée à la fonderie à dos de cheval, dans des facs. Ces amas de
mines font vuidés en très - peu de
tems, & on en va fouiller d'autres. La plus remarquable de ces
mines eft dans une haute montagne appellée le rocher de Sainte-
Marie , laquelle a quatre toifes de
largeur & autant de profondeur.
M. Délius , dans la differtation
dont nous avons fait mention, a
parlé de la manière fuivante de la
formation de cette forte de mine.

» L'eau , dit-il , eft capable de
» diffoudre les mines entièrement,

„ & de les faire paroître sous une
„ autre forme (1); il ne faut en-
„ tendre ceci néanmoins que de la
„ division & séparation des parties
„ qui constituent les mines, & de
„ leur changement de forme, non
„ des parties métalliques elles-mê-
„ mes, qui se trouvent après cette
„ dissolution ce qu'elles étoient au-
„ paravant, & y resteront éternel-
„ lement. C'est ce que les mines
„ de cuivre éprouvent, & toutes
„ celles qui sont pyriteuses, comme
„ on sait que l'eau change les py-
„ rites en vitriol. Il y a dans cette
„ province, près de Saska, toute
„ une montagne où la nature a
„ opéré un tel changement dans

---

(1) Cette idée dérive de celle de l'efflorescence
des pyrites, qu'on a regardé mal-à-propos comme
une dissolution. Cette idée peut-elle s'appliquer
aux autres mines? De plus, M. Délius ne peut
pas ignorer que l'efflorescence ou la décomposi-
tion des pyrites n'a lieu qu'à l'air libre, &
qu'avec le concours de l'air & de l'eau en même-
tems.

» les mines. On y trouve une terre
» argilleuse brune & ferrugineuse,
» qui tient de trois jusqu'a six li-
» vres de cuivre au quintal. Le
» cuivre n'y est pas minéralisé, il
» y est sous sa forme métallique,
» mais divisé en parties très-fines.
» On l'y apperçoit en effet sous
» cette forme, si on l'en sépare
» par le lavage avec la sebille. Cette
» terre cuivreuse n'étoit pas ori-
» ginairement sous cette forme ,
» elle étoit une simple pyrite cui-
» vreuse, qui a été dissoute par les
» eaux qui ont pénétré dans cette
» montagne Dans cette opération,
» l'acide du soufre s'est échappé
» avec elle. La terre du fer & la
» terre non métallique, qui cons-
» tituoient avec le cuivre cette
» mine, sont restés en arrière, &
» ont retenu avec elles les par-
» ties de cuivre comme une espèce
» de filtre «.

M. Délius prétend encore fortifier son opinion, en disant qu'il

fe trouve dans cette terre des parties de pyrites non décompofées.
(Quelque vraifemblable que pa-
roiffe cette explication , il refte
encore bien des difficultés à fur-
monter pour la mettre hors de
doute).

Plufieurs autres mines , d'ailleurs
qui font placées en hautes montagnes , telles que celles des noms
Ana & Rofina , font remarquables
par les belles efpèces de mines
qu'elles fourniffent. Je puis vous
dire que Saska eft l'endroit où
j'ai fait la plus riche récolte pour
mon cabinet. Non - feulement on
trouve ici abondamment toutes les
efpèces de mines , excepté çelles
du Comté de Mansfeld , mais encore beaucoup d'autres qui ont été
inconnues jufqu'aujourd'hui. Dans
la mine qu'on nomme Urbain ,
j'ai trouvé du cuivre vierge attaché
à une forte de gangue quartzeufe ,
dont la furface étoit entiérement
brillante , & dans la mine qu'on

nomme le Nouveau Elie, j'ai rencontré aussi du cuivre vierge en forme de branches ou de dendrites dans une gangue argilleuse solide. On m'a fait présent d'un autre morceau de cuivre vierge, qui étoit comme tricoté, & qui par-là ressemble assez à l'argent vierge qui se trouve à Johann-Georgenstadt en Saxe. Cette qualité de cuivre vierge se trouve assez communément dans une mine nommée Bonas spes, sur une gangue quartzeuse avec du steinmarck verd. (1) Dans les mines des noms de Saint-Philippe & Saint-Jacques, il se trouve de la mine de cuivre vitreuse brune; elle se laisse couper aisément, &

____

(1) Le Steinmarck est une pierre inconnue aux François & le sera peut-être long-tems encore, à moins que les Allemands ne donnent à une même sorte de pierre cette dénomination. J'ai vu à Freyberg une pierre argilleuse, rougeâtre & tachetée d'une matière plus pure, blanche, & qui bien considérée, me parut être du vrai smectis, qu'on y nommoit aussi st ein

2 par-tout un tiſſu ferme & brillant, & ſe trouve dans une gangue calcaire feuilletée ; elle donne
de 63 à 70 livres de cuivre au quintal. Cette mine ſe réduit par l'ef-
floreſcence ſous une forme friable & noirâtre, que les Allemands
nomment *mulm*. On trouve auſſi
de la mine de cuivre vitreuſe rouge, de figure indéterminée dans la
mine nommée Maria bruna ; au
même endroit il ſe trouve encore
de la mine de cuivre verte rayonneuſe, de la plus grande beauté.
M. Délius m'a fait préſent de pluſieurs morceaux, qui conſiſtent
en l'union de pluſieurs cryſtaux de
mine de cuivre vitreuſe rouge,
traſparente & de figure triangulaire.
Ces morceaux, ainſi que quelques
autres, de forme octogone, étoient
dans une ſorte de gangue, que
je n'ai trouvée décrite nulle part.
C'eſt une ſorte de roche jaſpée,
à grains fins, qui donne du feu
étant frappée avec le briquet. Je

l'appellerai , d'après Cronftedt ; (§ 65) de fa Minéralogie, jafpe martial (1). Les Hongrois la nomment finople. (2). Cette pierre contient depuis 13 jufqu'à 19 livres de cuivre par quintal. Quelques morceaux qui étoient entièrement

---

(1) D'après plufieurs morceaux de cette pierre que j'ai vus , je crois pouvoir penfer différemment , & ne point la regarder comme un jafpe. C'eft une pierre terne, rougeâtre , à grains fins , qui eft plus femblable à un grais rouge qu'au jafpe, dont il n'approche nullement par la dureté , ni par le tiffu, qui dans le jafpe eft plus fin & bien plus cryftallin. Le vrai jafpe eft même, & doit être homogène dans toutes fes parties ; s'il ne l'eft pas , & qu'il foit grainu , il n'eft plus du jafpe , mais du porphyre.

(2) Cela étant , les Hongrois donnent le nom de finople à plufieurs matières qui ne fe reffemblent que par la couleur rouge ou rougeâtre qu'elles ont. Celui dont j'ai parlé dans la note précédente , n'étoit métallique que par les parties ferrugineufes qui le coloroient. Cette diverfité augmente la confufion qui règne en Minéralogie, & qui règnera encore long-tems , tant qu'on n'apportera pas plus de foin à diftinguer les objets les uns des autres par leurs parties conftitutives , & tant qu'on ne fe méfiera pas des dénominations qu'emploient les ouvriers.

effleuris & réduits en ocre rouge
de cuivre, & qui n'avoient dans
le milieu qu'un feul point de cette
efpèce de mine de cuivre jafpée,
me faifoient connoître la manière
dont s'étoit formée la mine de cuivre qu'on nomme *Zigel-erz* (mine
tuilée) dont je viens de parler.
Parmi les efpèces de mines vertes
occra cupris viridis montanum, il
fe rencontra un morceau extraordinaire, dont on me fit préfent; il
étoit d'un tiſſu ſtrié & très-brillant,
c'eſt l'*aerugolinæi*. La plupart de
fes rayons font concentriques & fe
terminent en pointe par le bas &
par le haut : ils ont jufqu'à deux
lignes de largeur. On trouve ici
plufieurs variétés de malachyte ;
tantôt ils font en morceaux plats,
ou en écailles jointes enfemble,
& tantôt comme des feuillets min-
ces & ondulés. On en voit de
toutes les nuances du verd, depuis
le verd clair jufqu'au fombre verd.
Le Directeur des Mines m'aug-

menta ma collection d'un morceau qu'il avoit apporté lui-même d'une mine qui s'appelle Buzbanien, dépendant de la direction du Bannat. Ce morceau est dur, & mérite à juste titre la dénomination de malachyte. Parmi les mines de cuivre bleues (1), *cœruleum montanum induratum* de Cronstedt, Minéralogie, §. 194, on en voit de brillantes & de crystallisées, en crystaux polièdres, & de transparentes. A l'égard des mines de cuivre sous forme de terre brune, grise & blanche, j'en ai assemblé abondamment pour en faire part à mes amis. On nomme ici pecherz, (mine de poix) à cause de son apparence extérieure, une sorte de

-----

(1) La véritable Malachyte, selon les anciens Naturalistes, est une sorte de pierre précieuse que quelques Modernes ont cru être une substance osseuse pétrifiée, & qui ne contient pas même de cuivre, mais du fer. M. de Born a donc tort, comme tant d'autres Minéralogistes, de nommer de ce nom les mines de cuivre vertes.

mine de cuivre qui eſt pénétrée d'une matière inflammable (1), & qui eſt brillante dans ſa fracture. Elle ne tient que rarement au-delà de ſept à huit livres de cuivre au quintal ; cependant elle tient communément des parties de mines vertes & bleues , de la mine de cuivre vitreuſe , rouge & même quelquefois du cuivre vierge, alors on la compte parmi les mines de cuivre les plus riches qui ſe trouvent dans la direction de Saska.

Outre la mine de cuivre que décrit Cronſtedt , §. 198 , *pyrites cupri griſæus* (mine d'argent griſe) que l'on nomme ici veiſ-erz , on a toutes les eſpèces de mine de cuivre blanches , dans les montagnes moyennes , ſupérieures , ou montagnes intermédiaires. Il ſe trouve

____

(1) J'ai vu beaucoup de ces mines prétendues pénétrées de matière inflammable , & je ne me ſuis pas apperçu qu'elles en continſſent plus que d'autres , qui avoient une toute autre apparence.

auſſi ſur la mine que nous avons er nommée de poix ci - devant, des cryſtaux bleus en colonnes hexagones ou polièdres, dont les extrémités ſont tronquées. Malgré leur apparence, ils tiennent peu de cuivre, & le plus ſouvent ils ne tiennent autre choſe que des cryſtaux de choerl bleu (1); & même un habile Eſſayeur m'a aſſuré s'être rompu la tête vainement pour trouver du cuivre dans ce minéral, & qu'il avoit été dans l'erreur juſqu'à ce qu'ayant lu la préface que M. Lehmann a mis à la tête des écrits

______

(1) Voilà la dixième matière, au moins, que je vois nommer de ce nom. Y a-t-il du choerl bleu ? Les Minéralogiſtes François ne le connoiſſent pas ; de quelle nature eſt-il ? Voilà ce qu'il faudroit ſavoir encore. Le choerl tel que nous le concevons, eſt une matière d'un ſombre verdâtre friable, qui ſe montre dans les granits & dans les mines de fer, ſous forme aiguillée ou rayonneuſe. J'ai appris, par l'analyſe que j'en ai faite, que c'eſt un compoſé de terre argilleuſe & quartzeuſe, & que ce qui la colore eſt du fer.

de

de M. Margraff. Il avoit appris qu'il y avoit des cryftaux d'un beau bleu, qui ne tenoient nullement de cuivre, mais qui en place contiennent beaucoup de fer.

Une cryftallifation calcaire tranfparente, dont les cryftaux font en colonnes hexagones avec trois furfaces larges & trois autres droites, qui font terminées triangulairement, & une autre à cryftaux dodécaèdres, avec cinq furfaces, dont Linéus donne la defcription dans fes ouvrages, *tome I*, *fig. 52*. De plus, une cryftallifation de fpath gypfeux en forme de pyramides triangulaires, font parmi les efpèces de pierres, les feules raretés que j'ai rencontrées ici.

D

LETTRE VIII.

L'Auteur va à Moldava ; les Mines de ce Pays, leur nature & qualité.

L E s exemples particuliers des vols commis aux voyageurs par les troupes nombreuses qui roulent dans ce pays, m'avoient porté d'abord à ne pas m'approcher trop près des frontières ; mais on m'assura que ces troupes n'exercent leurs brigandages qu'envers leurs propres compatriotes, & jamais envers les Allemands. Les chefs même de ces voleurs firent assurer M. de Hegengarthen, Commissaire de la Cour pour les mines, qu'il n'avoit rien à craindre, ainsi que sa suite, dans ses voyages ; tout cela m'encouragea à me hazarder de voyager à l'ouest. J'y fus accompagné par

douze perfonnes des mines , qui
étoient à cheval , & plufieurs ouvriers des mines à pied , qui étoient
pourvus de fufils. Dès que nous
eûmes monté la haute montagne
de Saska , nous apperçûmes que le
Geneis en étoit la roche générale ,
fur laquelle on voyoit çà & là du
chyte & de la pierre calcaire (1) ;
cette roche fe continue jufqu'au
Moldava. On voit quelques veines
cuivreufes entre ces deux fortes de

---

(1) Les Allemands ne s'accordent pas entr'eux
fur ce qu'ils doivent nommer geneis. Il n'y a rien
de bien étonnant par conféquent que les François n'aient pas encore fixé leurs idées fur cette
fubftance. J'ai vu en Allemagne des Mineurs qui
nommoient geneis , une forte de roche , compofée de petites écailles talqueufes , & j'en ai
vu d'autres qui nommoient de ce nom toutes
les efpèces de granits. Selon les premiers , le
geneis feroit proprement une roche privée de
quartz , & fimplement talqueufe ; en un mot ,
un efpèce de granit. On en a de cette efpèce en
plufieurs endroits de la France , particulièrement à Sainte-Marie-aux-Mines , à Glanges en
Limoufin , & à Poullaouen en Baffe - Bretagne.

roches. Cependant les Mineurs ex-
périmentés n'entreprennent pas de
les exploiter, parce qu'ils favent
que ces mines ne fe prolongent que
de quelques pieds. Peut-être le
minéral de ces mines fe change-
t-il après quelques années en cette
efpèce de terre brune, cuivreufe,
que l'on trouve à Saska ; fi cela
étoit, on pourroit les exploiter
alors fans peine.

Après deux heures de marche,
nous mîmes pied à terre à une
fonderie, placée au milieu d'une
vallée très-fombre. Les Officiers
des mines & trente-fix Mineurs du
Diftrict de Moldava, armés, qui
m'attendoient ici, augmentèrent
ma troupe, qui forma alors comme
une petite armée. Quelle joie n'eus-
je pas de retrouver ici mon ancien
camarade d'école M. Denbschere,
Effayeur & Géomètre en même-
tems des mines de cette direction.
Cet homme, plein de feu, qui réunit les plus grandes connoiffances

dans les arts & les fciences, à tout
ce qui eft néceffaire pour faire un
grand Mineur, m'a difpofé depuis
très-long-tems, par fes lettres, à
faire le voyage que je fais actuël-
lement, & m'a mis en état de faire
toutes les obfervations & toutes les
remarques dont je vous ai fait part
jufqu'ici, & de celles dont je vous
ferai part à l'avenir. Les plaintes
que cet ami me faifoit fur l'éloignement où il eft de toute fociété
favante, m'a fait faire un fouhait
que je n'avois fait de ma vie, celui d'avoir une place affez émi-
nente pour être à portée de le retirer de l'efpèce d'obfcurité où il
fe trouve, & lui procurer un emploi plus diftingué. Peut-être fe-
rai-je en état cependant de lui rendre fervice, en le recommandant
& en faifant connoître fon mérite.

De ce lieu-ci nous fûmes au
nouveau Moldova. L'entretien que
j'ai eu pendant cette route avec

l'ami dont je vous parle , & la
gaieté de mes conducteurs, me dif-
fipèrent tellement , que je ne pen-
fois nullement au danger qu'il y
auroit eu dans un autre tems de
parcourir cette fombre vallée pendant cinq heures de tems.

Après mon arrivée , je fus au
pied de la montagne qui eft auprès d'Onava , petite ville qui eft
auprès du Danube, qui lui a donné fon nom ; c'étoit à deffein de
voir des voleurs célèbres qui avoient
été pris par un détachement de
Troupes ; ces foldats portoient dans
un fac la tête d'un jeune homme
qui s'étoit défendu comme un lion ,
& qui avoit mieux aimé périr les
armes à la main que de fe laiffer
prendre. Vers le foir de la même
journée , je retournai à Moldava ,
où je me réjouis beaucoup à l'afpect agréable que l'on découvre de
tout côté fur la hauteur ; de là ,
on voit fort avant dans le terri-
toire occupé par les Turcs. Je ne

vis pas de là fans peine la montagne derrière laquelle il y a eu jadis une belle & très-riche mine de cuivre en exploitation. Dès le lendemain matin, je fus vifiter les exploitations qui font aux environs de cette Ville, dans lefquelles on trouve de belles mines de cuivre, excepté dans celle du nom Marie-Thérèfe, qui ne fournit que de la mine de plomb. Le chevet de ces veines eft un chyte gris, & le toît eft une roche calcaire ; au-deffous, c'eft la roche nommée *geneis*. Il y a tout lieu de croire que l'exploitation de ces mines a été entreprife par les anciens, & pouffée même avec vigueur, enforte qu'il eft difficile de croire que les exploitans d'aujourd'hui foient dans de nouvelles veines. Ce qu'il y a de très-certain, c'eft qu'ils retirent encore de la mine des anciennes pourfuites, qui font fi confidérables, qu'on eft étonné en les voyant. On y voit une roche, qu'à peine

D 4

nous pouvons exploiter avec la poudre, & que les anciens ont exploité avec le ciseau. En quelques endroits les parois sont si unis qu'on croiroit qu'ils ont été taillés exprès par des Lapidaires. Au lieu où ils ont trouvé la roche friable, ils ont fait de très-grandes ouvertures. On est étonné encore de voir que la plupart des traverses des anciens sont faites à travers la roche; de savoir si ces traverses sont du tems des Romains ou non, c'est ce qu'on ne sauroit décider. Les galeries anciennes n'ont rien de particulier, & elles ressemblent parfaitement à une de Schemniz, que vous avez vue, qui y est nommée *er[h]stollen.* Ces galeries sont murées à sec, ou entourées de la roche naturelle à leur embouchure; leur figure est elliptique. On exploite ces veines comme à Saska; & à l'égard de celles qui ne sont pas bien importantes, on se comporte comme à Saska, ainsi que pour les autres arrangemens des mines en général.

Les mines de cuivre de ce pays-ci donnent le meilleur cuivre du Bannat ; c'est pour cette raison , & à dessein aussi d'encourager l'exploitation des mines, que l'on paie , pour le compte de notre Souveraine , ce cuivre un florin plus cher que les autres. On trouve ici presque toutes les mêmes espèces de mines qu'à Oraviza & à Saska. Il s'y trouve aussi du cuivre vierge de différentes formes , le plus communément sur du quartz ; celui que l'on trouve sur de la mine pyriteuse brune, s'effleurit & se décompose à l'air, & tombe en une chaux couleur de tuile, qui ensuite devient peu-à-peu blanche. Cette chaux ne donne pas la quantité de cuivre qu'on auroit lieu d'en attendre (1).

____

(1) Voilà très-sûrement une observation singulière & qui mérite la plus grande attention.

Les variétés de cuivre vierge qui se trouvent fur les galeries nommées le *Népomène* & *Marianna*, éprouvent auffi les mêmes changemens. La chaux rouge de cuivre fe trouve fur de l'asbeft dans la mine du nom de Marie ; il s'y trouve auffi de la mine de cuivre ordinaire. J'obtins de la mine de Saint-Hilaire de la mine de cuivre vitreufe rouge cryftallifée, fous forme de chaux. J'ai auffi raffemblé par le moyen de mon ami, une bonne quantité de mine qu'on appelle pécerz (mine de poix) & de celle qu'on nomme thonerz (mine d'argile) , & de toutes les autres mines rares de ce pays. Avec cette provifion, je retournerai demain à Oraviza, où je prendrai congé de M. Hegengarthen & des autres voyageurs ; & de là je prendrai mon chemin par la Tranfilvanie.

LETTRE IX.

Arrivée de l'Auteur à Dognaska ; forte de roche qui s'y trouve ; de la mine riche du nom Saint-Simon & Saint-Jude ; efpèce de mines qui fe trouvent à Dognaska.

APRÈS avoir pris congé des perfonnes dont je vous ai parlé, je partis pour Dognaska, où j'arrivai après cinq heures de marche. Les roches qui fe préfentèrent à mes yeux tout le long de ce chemin, font de deux fortes; un granit, dont quelques maffes fortent au jour de tems en tems ; & qui fait le fond de tout ce pays; & un chyte mêlé avec du mica, qui eft pofé par-deffus. Dognaska eft adoffé au prémontoire ou mon-

tagne moyenne qui fe prolonge jufqu'à celles qui font une chaîne tout
au long de la Tranfilvanie. Cette
partie montagneufe eft de granit,
fur lequel on trouve du *gneis*, du
fable, de l'argile pétrifiée & de la
pierre calcaire.

C'eft ici où fe trouve le feul
filon de cette province, qui con-
ferve pendant une étendue confidérable fa direction, qui eft de
l'eft à l'oueft, & fon penchant du
nord au fud. C'eft un filon de plomb
tenant argent, qui court dans la
montagne du nom de Saint-Jean,
dans lequel on a fouillé pendant
plus de 1500 toifes d'étendue. Avant
la dernière guerre des Turcs, on
avoit tiré de ce filon beaucoup
d'argent; depuis ce tems, on y a
pouffé diverfes galeries. Comme
ce filon paffoit au-deffous de la
roche calcaire & de la roche chyteufe, toutes fes ouvertures inté-
rieures ou pourfuites font fujettes
à recevoir beaucoup d'eau. Il y a

même des tems où la plupart de
ces travaux font noyés d'eau, telle
eft la galerie nommée Maria
Chriftiana; c'eft ce qui a forcé
à établir deffus une machine à
moulettes, ou *baritel à chevaux*,
pour en enlever les eaux; mais on
a de la peine fouvent à réuffir entièrement. Cet inconvénient fut
auffi caufe que je ne pus defcen-
dre dans cette mine, que j'étois
d'autant plus curieux de voir, que
je regardois comme impoffible ce
que plufieurs Mineurs m'avoient
dit, que la roche qui accompagne
ce filon eft, dans la profondeur,
calcaire & chyteufe. J'ai bien vu,
à la vérité, fur les halles, des morceaux de roche fortant de cette
mine, qui étoient calcaires & chyteufes, mais je n'ai pas moins été
dans l'incertitude à cet égard, car
je conjecture que ces roches avoient
été tirées des travaux fupérieurs; &
je n'ai pas pu favoir fi ce n'eft pas
du *geneis* ou un *faxum métallife-*

rum, c'eſt-à-dire, une roche argilleuſe mêlée avec du choerl. Il
n'eſt pas à préſumer en effet que
dans des roches calcaires, chyteuſes, un filon puiſſe ſoutenir ſa
régularité long-tems (1) ; & j'ai
lu dans un ouvrage qui parle des
mines de la Hongrie, imprimé en
1748, que dans la galerie de l'Empereur, pouſſée dans cette même
mine, on a trouvé une roche très-
dure, à la ſuite de la roche chyteuſe, & qui mettoit obſtacle à
la pourſuite des travaux. Les informations que j'ai faites à ce ſujet,
ne m'ont pas beaucoup éclairé,
puiſque la plupart des Officiers
de cette direction ſemblent ne
pas connoître d'autre roche que
la calcaire & la chyteuſe, &

---

(1) Pourquoi donc un filon qui court dans
une roche chyteuſe & calcaire, ne ſe ſoutiendroit-
il pas long-tems ? ſont-ce des raiſons de théorie,
ou quelques exemples particuliers de fait qui ont
fait naître ce préjugé dans l'eſprit de notre Auteur ?

» qu'ils font dans l'ufage de ne cher-
» cher les filons, les veines, qu'entre
» ces efpèces de roches. Ce défaut eft
» prefque général chez eux ; deman-
» dez-leur de quelle nature eft la ro-
» che de leurs montagnes, ils vous
» répondront d'une manière fi con-
» fufe & fi embarraffée, que vous re-
» connoîtrez aifément qu'ils n'ont
» pas penfé à faire d'obfervations
» là-deffus ; & cependant c'eft de la
» connoiffance de la roche & de fa
» manière de fe diriger & des chan-
» gemens qu'elle éprouve, que dé-
» pendent la connoiffance des règles
» pour bien diriger l'exploitation des
» mines. Je pourrois vous rapporter
» plufieurs exemples, où, faute de
» connoiffances fuffifantes, on eft
» tombé dans de grandes erreurs.
» Je fuis defcendu dans une mine en
» Hongrie, où une veine garnie de
» pyrites aurifères, qui jadis avoit
» fourni beaucoup de richeffes, fe
» coupa dès qu'elle eût atteint la ro-
» che nommée *gneis*; en forte qu'on

ne put plus continuer cette exploitation (1). On se résolut aussi-tôt de faire une traverse dans le granit, pour retrouver le filon, après en avoir bien pris la direction; mais ce fut inutilement, car

---

(1) Cela peut être pour la Hongrie, mais cela ne fait pas une règle pour les autres pays. En France, ainsi qu'en Allemagne, il se voit plusieurs filons qui courent indistinctement dans toutes sortes de roches, & ne sont pas pour cela plus sujets à se couper dans l'une que dans l'autre. M. Délius, dont notre voyageur parle, avoit avancé dans une dissertation, il y a quelques années, que les filons ne doivent se trouver jamais qu'entre la roche calcaire ou la chyteuse & le granit, parce qu'il supposoit que les premières roches étoient secondaires, & qu'elles s'étoient formées sur le granit par les dépôts que l'eau y avoit amenés du tems du déluge; & qu'en se consolidant, elles avoient laissé un intervalle entr'elles & le granit ou la roche primitive, que cet intervalle étoit les filons d'aujourd'hui. Ce système ne parut pas plutôt au jour, qu'il fut contredit, parce qu'il y avoit des connoisseurs en Allemagne, en donnant pour exemple du contraire une infinité de filons qui non-seulement courent toujours dans une roche graniteuse, mais encore qu'ils sont situés dans un pays plat ou assez peu élevé, pour donner lieu à de pareilles suppositions.

après avoir fait une longue poursuite, on ne trouva abſolument
rien.

Après cette longue diſgreſſion,
je reviens à ce qui regarde Dognaska. Outre les mines dont je
vous ai parlé ci-devant, il y en a
beaucoup d'autres de plomb & de
cuivre. Celle des noms Saint Si-
mon & Saint Jude eſt peut-être la
plus remarquable qu'il y ait en Europe. Cette mine fut pluſieurs fois
délaiſſée & repriſe ; & en 1740,
une Compagnie y pouſſa une galerie ſur une mauvaiſe veine, dans
l'eſpérance d'y trouver de l'argent.
Après s'être fatigué inutilement,
& après des dépenſes exceſſives,
enſorte que les aſſociés furent tous
ruinés, on découvrit enfin un
filon de cuivre très-riche, ſur lequel on commença auſſi-tôt d'ap-
profondir. On arriva en peu de
tems dans une mine en amas, ré-
ſultant de l'aſſemblage de pluſieurs
filons. La grande paſſion que fit

naître cette découverte aux Intéreſſés pour recouvrer promptement l'argent dépenſé, les porta
tout à coup à faire tous les travaux
néceſſaires pour retirer la plus
grande quantité poſſible de minéral.
Pour cela, il fut aſſigné aux Officiers une récompenſe proportionnée au cuivre qu'ils livreroient. Le
Directeur obtint pour chaque quintal de cuivre cinq ſols, & le Maître de la fonderie 3 ſols. Par cet
arrangement, ces Meſſieurs ſe regardant comme les fermiers de
cette entrepriſe, la pouſsèrent le
plus loin qu'ils purent; mais bien
entendu que ce fut ſans s'embarraſ-
ſer de la ſuite, & ſans obſerver
les regles de l'exploitation des mines, qui exigeoit ici qu'on laiſ-
ſât des piliers de diſtance en diſtance. Rien en effet n'eſt plus facile de retirer de cette manière
une grande quantité de minéral en
peu de tems d'une telle ſorte de
mine; c'eſt ce qui arriva, mais ce

fut en y laissant des espaces vuides, effrayans par leur grandeur & par les dangers qui en pouvoient ré- sulter, en sorte qu'on se trouva bientôt embarrassé & à la veille de l'abandonner. M. le Comte de Gottlieb, alors Président de la Chambre à Schemniz, député Com- missaire, ayant examiné l'état des choses, découvrit le défaut de ce travail, & en fit connoître tous les inconvéniens. M. Délius, qui étoit alors Directeur des mines à Dognaska, ordonna qu'on rem- plît l'espace vuide qu'il y avoit de- puis le toît de la mine jusqu'à son sol, avec des roches ou décom- bres, & de ne laisser que l'espace nécessaire pour le passage des échel- les. De cette manière on para en quelque sorte au danger qu'il y avoit.

Je descendis hier dans cette fa- meuse mine : la roche qui l'en- toure est un *saxum metàlliferum*, qui a cela de singulier qu'il tient

un peu de terre calcaire. La neuvième galerie a été pouffée à travers une roche de cette efpèce. La
mine elle-même, au moins la partie qui eft au-deffus de la neuvième galerie, a pour chevet une
roche chyteufe, & pour toît une
roche calcaire blanche & écail-
leufe ; le deffous de cette mine eft
du *gneis*.

Parvenu au fond, on examina
fi les veines qui compofent cet
amas, ne l'outrepaffoient pas, &
ayant vu que non, on fe borna là.
En arrivant dans cette mine, je
fus agréablement furpris ; mais
j'appris par la réflexion qu'il y avoit
autant de danger à y refter que de
plaifir à la voir. L'ouverture im-
menfe de cette mine, étant éclairée
par la grande quantité des lumières des Mineurs, qui étoient placés
çà & là pour abattre la mine, pré-
fentoit un fpectacle vraiment in-
téreffant. La figure de cette mine
en amas, eft prefque femblable

à celle d'un œuf. Vers fa partie fupérieure, fa largeur eft de trois à quatre toifes ; cette largeur devient de plus en plus confidérable en defcendant, de forte que vers le milieu de fa longueur, elle fe trouve de vingt toifes de largeur : delà cette largeur diminue peu-à-peu jufqu'au fol, & dans la même proportion que vers le haut.

J'ai déjà fait obferver que cette mine réfulte de l'affemblage de plufieurs veines, & qu'elle a confervé une direction de l'eft à l'oueft, & un penchant du midi au nord; par cette raifon elle ne peut être mife en comparaifon avec celle de Geyer en Saxe. La profondeur de cette mine, ou plutôt fa longueur, eft de quarante toifes, qui eft celle d'un puits qu'on y a pouffé. On a placé fur ce puits un baritel à chevaux, pour élever les eaux jufqu'à la neuvième ouverture, par laquelle elles s'en vont dehors. On épuife maintenant la richeffe

de cette mine, & peut-être que dans
quelques années on n'y travaillera
plus ; on n'y aura pas même la ref-
fource des veines qui compofent
cet amas , puifqu'outre qu'elles y
ont porté toutes leurs richeffes,
elles refteront coupées.

Maintenant le produit de cette
mine va à 150 quintaux de cuivre
par mois. Le minéral s'y trouve fi
rapproché, qu'il n'y a que très-peu
de guangue ; c'eft par cette raifon
que les traverfes & les degrés qu'on
y fait , quoiqu'ils n'aient au plus
que deux pieds de largeur , font
pris néceffairement dans la mine
même. Cette guangue eft calcaire,
elle eft granuleufe & difpofée en
écailles : on y trouve des parties
fpathiques, une forte d'agathe blanche, qui eft pourvue de taches rouges & noirâtres, ainfi qu'une efpèce de pierre de grenat noirâtre :
*granatas figuræ incertæ particulis
granulatis de Cronftedt. ff. 693.*
C'eft quelque chofe de bien di-

gne d'attention, qu'à cent toifes à peu près de cette mine, il y ait une mine de plomb, & qu'à la même diſtance du côté oppoſé, il y ait une mine de fer.

Il exiſte une mine nommée Maria-Victoria dans la montagne Volfanger, dont l'exploitation a été entrepriſe depuis peu par une Compagnie. La roche qui accompagne cette mine eſt un *ſaxum metalliferum*, que les Mineurs appellent ici comme à Dognaska, je ne ſais pourquoi, pierre de ſable ou grès. Cette mine conſiſte en une pyrite jaune de cuivre, ou mine de cuivre ordinaire, qui a pour guangue une ſorte de roche mêlée de mica blanc réduit en petites parties. Selon toute apparence, cette eſpèce de mine ſera du nombre de celles qui font faire fortune.

Dans la montagne nommée Moravizer, il ſe trouve entre une roche calcaire & une roche chyteuſe, un albâtre, dans lequel il ſe trouve

difféminé de la mine de cuivre..
Cette guangue n'auroit-elle pas été
changée en gyps, de pierre calcaire
qu'elle étoit, au moyen de l'acide
vitriolique contenu dans cette mine
de cuivre ? (1) Près de là il se voit
une autre mine qui, faute d'un bon
produit, a été abandonnée il y a
quelques années ; elle me semble
pourtant remarquable en ce qu'elle
préfente au jour, pendant une certaine étendue, de l'asbeft d'un brun
jaunâtre dans lequel il se trouve

---

(1) Remarquons ici que la plupart des Allemands nomment albâtre le gyps qui eft en maffe
unie comme le marbre, au lieu que les François
entendent par là une forte de marbre de la plus
grande blancheur, qui eft auffi ce que les anciens entendoient par cette dénomination. De plus,
il eft difficile de concevoir que l'acide vitriolique
contenu dans une mine qui exifte antérieurement,
puiffe s'être féparé du phlogiftique pour s'attacher à fa terre calcaire. Enfin, je fuis bien tenté
de croire que le prétendu gyps dont on parle
ici, ne foit que notre fpath pefant, que nous
regardons comme une combinaifon de foufre
& de terre calcaire, ce qui fait un corps fort
différent du gyps.

de

de la mine de fer micacée & des grenats noirâtres & ferrugineux ; cet asbeſt eſt pénétré de cette mine, & en fait la gangue.

Ma collection de minéraux s'eſt augmentée conſidérablement à Dognaska, par des morceaux rares. Outre pluſieurs morceaux de mine de poix (pecerz), de mine de cuivre couleur de tuile, & de la mine de cuivre vitreuſe, couleur de plomb, de la mine de cuivre verte, & différentes ſortes de mines de cuivre ordinaires, qui donnent de trente à quarante livres de cuivre au quintal ; outre, dis-je, tous ces morceaux, j'eus encore ceux qui ſuivent : 1°. or vierge en feuille, dans une gangue argilleuſe, ferrugineuſe, de Fibianus. On trouve ſouvent des morceaux de cette eſpèce en rognons dans cette mine, qui y ſont iſolés & placés au milieu du filon de cuivre. 2°. Cuivre vierge en gros, & très-maſſif morceau qui paroiſſoit

E

comme s'il avoit été fondu ; mais des cryftaux de mines de cuivre vitreufe rouge qui fe trouvoient tout autour de ce morceau, témoignoient le contraire. 3°. Cuivre vierge dans de l'ocre brune de fer, provenant de la mine dont je viens de parler. 4°. Mine de cuivre grife cryftallifée, ou cryftaux polyèdres dans du quartz. 5°. Mine de cuivre brune & de diverfes couleurs, de la mine de Saint-Simon & Saint-Jude à Dognaska. 6°. Mine de cuivre ordinaire & de diverfes couleurs qui, à caufe de fon grand produit, qui va quelquefois depuis 60 jufqu'à 70 livres de cuivre au quintal, eft nommée mine de cuivre vitreufe. Cette efpèce de mine eft brillante dans fa fracture, & ne fe diftingue pas feulement par-là des autres efpèces de mines de cuivre communes, mais encore en ce qu'étant brifée en petits morceaux, elle fe trouve dans chacune de fes parties, auffi colorée en rouge &

bleu, que dans sa totalité. 7°. Mine de cuivre rouge crystallisée; ses cryftaux font en prifmes allongés qui font tronqués aux extrémités. 8°. Mine de cuivre terreufe rouge, friable, recouverte d'une écorce de verd-de-gris. En examinant bien attentivement ce morceau, on feroit tenté de croire que cette couleur verte eft produite par l'efflorefcence ou la diffolution de cette mine par l'acide vitriolique (1). 9°. Mine de cuivre grife de Cronftedt, §. 198. Les cryftaux de cette mine ont dix furfaces. 10°. Pyrite cuivreufe mêlée de jaune & de gris. De plus, j'ai obtenu des morceaux contenant des grenats noirâtres, que l'on nomme ici pierre cornée, d'une autre forte de grenats cryftallifés à plufieurs angles, qui font fouvent de la groffeur

---

(1) On peut voir dans les notes précédentes ce que nous penfons de ces efflorefcences & de ces diffolutions par les acides.

E 2

d'un œuf de pigeon. Les Mineurs
les nomment ici blende jaune.

LETTRE X.

Manière de fondre les mines de cuivre dans le Bannat de Temesvar ; description d'un pilon à sec ; détail du lavage de l'or dans les pays d'Almasch ; projet de purifier le cuivre, par M. Délius.

C'est à la paresse du Maître de Poste que vous devez la lettre que je vous écris aujourd'hui ; car ayant demandé des chevaux pour quatre heures, je ne les aurai que pour dix, ce qui m'a donné aussi occasion de rendre visite à quelques personnes de ma connoissance, qui se trouvent ici pour passer la belle saison, & pour éviter en même tems d'être les victimes de la fièvre épidémique qui, cette année-ci 1770, exerce toute sa fureur dans cette province. J'ai trouvé effectivement que le bourg où je suis, qui s'appelle Lugos, eſt ſitué favorablement pour la ſanté. Au ſurplus, je ne ſaurois mieux employer le tems qui me reſte, qu'à m'entretenir avec vous. Je me ſuis rappellé que je vous devois encore quelque détail ſur la manière de laver & de fondre les mines dans le Bannat, je vais donc actuellement m'acquitter de ce devoir.

Il y a quatre fonderies à Oraviza, chacune avec leur dénomination particulière; dans l'une, appellée la fonderie de Saint-François, ſe trouvent quatre fourneaux à manches; celle du nom de Mercy a auſſi quatre fourneaux, & un fourneau de rafinage. La fonderie de Théréſe a deux fourneaux & un de rafinage, ainſi qu'un fourneau de *liquation*. La manière de traiter ici la mine n'eſt pas fort différente de celle de la Baſſe-Hongrie, que vous avez vue.

Les exploitans livrent leur mine à la fonderie à la manière d'Allemagne, c'eſt-à-dire, qu'on leur en tient compte d'après le poids & l'eſpèce de la mine, après en avoir fait l'eſſai. Dès que l'eſſayeur a préſenté ſon rapport ſur le produit de la mine, on compte à l'exploitation ou à la Compagnie, pour chaque quintal de cuivre 25 florins; mais on ne ſe règle que ſur la quantité de cuivre rafiné. Chaque fonte ſe fait ici avec quarante quintaux de mine de cuivre, vingt - quatre quintaux de pyrite cuivreuſe, & douze brouettées de ſcorie cuivreuſe. Quand les mines ſont fort ſulfureuſes, & qu'elles ſont faciles à fondre, on diminue la quantité de pyrite, ainſi que celle des ſcories. Ce mêlange eſt fondu en vingt ou tout au plus en vingt - quatre heures; pour cela, on emploie trente juſqu'à trente-deux meſures de charbon. Cinq facs ordinaires font deux de ces mesures. La mesure est payée 20 *creuters*, qui font en argent de France 17 fols & demi. On grille à la fois cent cinquante quintaux de matte ; on la grille jusqu'à onze fois. Le cuivre noir qui en provient, est rafiné fur un de ces anciens petits fourneaux connus fous le nom de fourneaux à rofette, décrit dans Schlutter, fur lequel on ne peut mettre que deux ou trois quintaux de cuivre noir à la fois (1). Si on met fur une même ligne de compte toutes les dépenfes de la fonderie, on trouvera que chaque quintal de cuivre

---

(1) En France, comme en bien des endroits de l'Allemagne, on a aboli heureufement ce fourneau, parce qu'on brûloit trop de charbon, & qu'on mettoit trop de tems pour rafiner une quantité donnée de cuivre, tandis qu'avec le fourneau de reverbère, qu'on y a fubftitué, on rafine en une feule fois foixante à quatre-vingt quintaux de cuivre, avec la flamme de fagots feulement, ce qui fait une très-grande économie.

E 4

coûte depuis neuf jusqu'à onze florins. Les affociés aux exploitations
des mines paient pour chaque quintal de cuivre purifié , la valeur
de fix à fept fols ; cet argent fe met
en réferve dans une caiffe générale , & eft deftiné pour les frais
de la fonderie. On fait une pareille
réferve pour le paiement des voi-
turiers qui conduifent la mine à la
fonderie.

Les cuivres rafinés font tranf-
portés à un martinet qui appartient
à Sa Majefté , où on les travaille
pour former des uftenfiles ; à l'é-
gard des cuivres qui contiennent
de l'argent , ils font renvoyés à
une autre fonderie , à Toyaba , dans
la Baffe-Hongrie , où l'on pratique
la *liquation*. Les mines qui font
aux environs d'Oraviza , produifent
de deux à trois mille quintaux de
cuivre par an.

A Saska il y a quatre fonderies ,
& à Moldava il y en a une. La manière de conduire la fonte dans ces

deux endroits ne diffère en rien de
celle qu'on fuit à Oraviza. Seulement, comme ces deux endroits
font près des bois, les frais de la
fonderie font bien moindres, par
rapport au charbon, qui y eft à
meilleur compte.

La mine de cuivre terreufe que
les Allemands nomment *cupfer
mulm*, qui fe trouve abondamment dans les mines de Saska, fe
fond très-facilement, en forte qu'on
ne dépenfe pas beaucoup de charbon. Mais ce qu'il y a de remarquable encore, eft que la fonte de
ces mines rend plus de cuivre que
l'effai n'en promet, ce qui donne
de l'orgueil aux Directeurs des
fonderies. C'étoit à la vérité pour
moi un problême ; mais quand
j'eus examiné la nature des pyrites qu'on met avec ces mines
dans la fonte, je vis que cette aug-
mentation de cuivre n'avoit rien
que de très-naturel, puifque ces

pyrites contiennent une petite partie de cuivre.

Je vous ai déjà dit dans une de
mes lettres, que l'on fait à Moldava
le cuivre le plus malléable, ce qui
provient plutôt de l'abondance du
foufre de ces mines, que d'aucun
procédé particulier ou manière extraordinaire de traiter cette mine
à la fonte (1). Moldava fournit
annuellement mille quintaux de
cuivre, & Saska trois à quatre mille
quintaux. Les fontes que l'on fait
à Dognaska, coûtent beaucoup
moins, à caufe de leur fufibilité,
que celles d'Oraviza, quoique les
procédés de la fonte foient les mêmes dans les deux endroits. Il y a
à Oraviza trois fonderies pourvues
de dix fourneaux chacune. On em-

---

(1) C'eft une erreur de croire que le foufre
contribue à la bonté du cuivre, au contraire il
le rend fragile & caffant ; le feul avantage qu'il
puiffe procurer dans la fonte des mines, eft
d'aider à fcorifier le fer, comme ayant plus de
difpofition à s'attacher à lui qu'avec le cuivre.

ploie pour une fonte de douze quintaux de pyrite, dix - huit mesures
tout au plus de charbon, qui durent dix-huit heures. La fonte, par
où l'on obtient annuellement quatre mille quintaux de cuivre, se
fait comme à Oraviza, à frais com-
muns. Comme les mines ne contiennent ici que quelques lots d'argent au quintal, & qu'elles ne vont
jamais à neuf lots, ce qui fait
qu'on ne peut pas les soumettre à
l'opération de la *liquation* avec profit, on a cherché à en obtenir l'argent par quelque procédé particulier. Un Directeur de fonderie,
nommé Fluk, a proposé à cette intention un procédé par lequel il
prétendoit séparer l'argent du cuivre par une sorte de précipitation ;
ce seroit en effet rendre un grand
service à l'exploitation des mines,
si cela étoit possible. A l'égard de
l'aigreur des cuivres dont les bat-
teurs se plaignent, M. Délius a
trouvé le moyen de la leur enle-

ver. Je ne fais rien au reste qui foit digne de vous être rapporté touchant l'opération du bocard. On fe fert d'une efpèce de bocard à fec, mu par des chevaux ; on fépare enfuite la mine par le lavage comme avec celui de Schemniz.

L'étendue de conceffion qu'on accorde ici aux exploitans des mines, eft ordinairement de 2744 toifes en quarré ; quoique cet efpace foit petit, eu égard à celui qu'on accorde à Schemniz, il eft néanmoins fuffifant à caufe du peu d'étendue que parcourent les veines de ce pays-ci. Il y a déjà quelques jours qu'on a envoyé de la Cour un projet au fujet de l'amélioration du lavage des fables orifères du pays Almah ; mais ce projet a été rejetté par M. Roczian. Je vous donnerai là-deffus un détail, lorfque je ferai inftruit des effais qu'on y aura faits : c'eft-là tout ce que je me promettois de vous écrire aujourd'hui, mais comme le Maître de Poste me fait dire que je ferai obligé d'attendre encore une de-mi-heure pour avoir les chevaux qu'il m'avoit promis, attendu qu'on n'a pu les raſſembler encore dans la prairie où ils ſont au pâturage; vous pouvez encore faire uſage de toute votre patience pour lire une demi-feuille que je vais vous écrire pendant ce tems-là.

Avant notre départ d'Oraviza, au ſoir, nous eûmes un orage ef-froyable. Je me tins avec mes com-pagnons de voyage devant notre logis. Dans le tems des grands éclairs, il ſe produiſit dans une mai-ſon qui étoit en face, une flamme qui ſe porta au couvert de la maiſon, & qui de-là vint paroître à la par-tie oppoſée de la maiſon , & re-tourna enſuite d'où elle étoit ve-nue. Cette apparition & diſparition fut répétée pluſieurs fois de cette manière. Ayant examiné enſuite l'endroit d'où ſortoit cette flamme électrique, nous trouvâmes qu'il exiſtoit une petite veine de pyrite au-deſſous du terreau.

Mon voyage de Dognaska à Bogſchan , & de-là à Lugos , eſt un des plus extraordinaires & des plus curieux que j'aie jamais faits. Le peu de sûreté qu'il y a ſur ces chemins , porta M. Hegengar-then , Commiſſaire de la Cour , dont vous connoiſſez l'humanité , & dont je ne puis trop louer la bonté pour moi , à donner tous les ordres néceſſaires pour que je voya-geaſſe en sûreté. D'après ces or-dres , je rencontrois dans les vil-lages par où je paſſois , une troupe de quarante à cinquante payſans armés pour ma défenſe , & qui m'applaniſſoient en même-tems les difficultés du chemin , juſqu'à porter ma voiture ſur leurs épaules dans les endroits difficiles. Il fut ordonné en même-tems de donner la chaſſe aux voleurs qui ſe réfu-gient dans les bois. On prend ces précautions très-ſouvent dans l'année , mais cela eft auffi fouvent fans fruit , car cet ordre général n'eft pas tenu fi fecret , & n'eft pas exécuté fi promptement que les hordes de voleurs n'en foient inftruits, ayant quelques alliés ou parens dans les villages qui leur en donnent avis. Quelques-uns fe tiennent alors avec fécurité chez eux, d'autres vont hors du pays avec le gros de la horde. Bogfchan, où je me fuis arrêté pour dîner, n'eft éloigné de Dognaska que de quatre lieues, il eft placé dans une vallée fort agréable, entre une côte à roche chyteufe & une autre calcaire ; ces roches font placées fur le *faxum metalliferum* ; la rivière de Berfova paffe au milieu de l'endroit ; le lieu eft lui-même planté au milieu d'un marais qui le rend très-peu fain. Lorfque la Servie étoit directement fous l'autorité de l'Impératrice-Reine, il y avoit à Bogfchan de beaux bâtimens, ufines & forges à fer, mais tout cela eſt maintenant fort déchu ; cependant il s'y voit encore un haut-fourneau pour la fonte des mines de fer. On y jette en fonte les boulets pour l'artillerie de l'Empereur. La mine de fer y eſt tranſportée de Dognaska ; elle eſt en partie rouge (*ochra ferri indurata rubra*) & en partie brune. Ces mines donnent un excellent fer.

Il y a une côte calcaire qui n'eſt pas fort éloignée de Bogſchan , au lieu nommé Valga-Baya , dans laquelle on trouve une quantité étonnante d'aſtroïtes pétrifiées. De Bogſchan juſqu'à Rugos , règnent des montagnes graniteuſes ſur leſquelles ſe voit une roche chyteuſe mêlée de mica. Une demi-heure avant d'arriver à Lugos , je quittai ces montagnes , & j'entrai dans la plaine dans laquelle Lugos eſt placé. L'extrémité de ces montagnes ſe dirige à l'oueſt , & ſe réunit aux hautes montagnes qui font la ſéparation de la Tranſilvanie d'avec le pays des Turcs. Sur cette côte calcaire, qui eft en face de Lugos, il croît un excellent vignoble qui donne un des meilleurs vins du pays.

Projet pour purifier le cuivre de manière à le rendre très-malléable, par M. Délius, Directeur des mines du Bannat.

Toutes les mines de cuivre, qu'elles foient fulfureufes ou arfénicales, ou qu'elles foient minéralifées par l'une & l'autre en même-tems, tiennent toujours une terre non métallique & une partie de fer; & la feule différence qu'il y a entre ces mines à cet égard, eft que les unes en contiennent plus, & les autres moins. Par exemple, les mines de cuivre pyriteufes, celles qui font gorge de pigeon, & les mines d'argent blanches, & en général toutes celles qui font mi-

néralifées par le foufre , en contiennent plus que les bleues & les
vertes. Pour celles qui font occracées & brunes, &c. elles font fi
fenfiblement ferrugineufes, que le
feul afpect fuffit pour en juger.
C'eft cette partie ferrugineufe ref-
tante dans le cuivre , qui eft la
caufe véritable de fa mauvaife
qualité & de fon aigreur , indépendamment de l'arfenic qui refte
fi opiniâtrement uni avec le cuivre,
.& n'eft fi difficile à l'en chaffer,
que parce qu'il y eft joint avec le
fer. Le fer donne de l'affinité à
cette fubftance , qui feroit chaffée
fans cela du cuivre , par la forte
action du feu qu'on lui fait éprouver pour le purifier. Il réfulte de
là que pour avoir un bon cuivre ,
il faut féparer foigneufement, dans
les opérations qu'on fait fubir à la
mine de cuivre , toutes les parties
de fer qui peuvents'y trouver. Toutes les opérations font dirigées dans
cette intention , mais il s'en faut

bien qu'on atteigne entièrement ce but, comme on le verra ci-après.

C'eſt un fait connu, que rien n'eſt plus propre à détruire promptement le fer, que le ſoufre. La plupart des mines de cuivre contiennent de cette ſubſtance, mais pas ſuffiſamment pour le détruire entièrement. C'eſt à cauſe de cela qu'on ajoute dans la fonte crue de ces mines, des pyrites, dont le ſoufre, ſe joignant au fer de la mine, le détruit & l'en ſépare ſous la forme de ſcorie, dans les opérations qu'on fait ſubir enſuite à cette matière. Cette manière de fondre les mines de cuivre a été imaginée depuis long-tems par nos ancêtres, & elle eſt telle qu'il eſt difficile de trouver quelque choſe de meilleur qui ſoit plus propre à la choſe, & qui rende de plus grands ſervices (1).

____

(1) Il nous ſemble très important de faire obſerver que l'addition que l'on fait quelquefois

Par ce procédé, on atteindroit parfaitement au but, s'il ne s'y rencontroit pas une circonstance qui y met un grand obstacle, c'est le fer abondant de la pyrite dont nous voulons parler; car tandis que son soufre produit de son côté le meilleur effet dans la fonte crue, son fer d'un autre, se joignant au cuivre, en produit un fort mauvais, en augmentant la difficulté qu'il a

---

des pyrites dans les fontes crues, n'est pas toujours à dessein de détruire le fer. Jamais, par exemple, on n'a eu cette idée en Saxe, où cette pratique est établie depuis très-long-tems, mais bien dans l'intention de s'emparer des parties d'argent, ou de la mine d'argent répandue finement dans de la gangue, & de les concentrer, pour ainsi dire, dans la matte; ces parties sans cela seroient perdues, ou ne se rassembleroient que difficilement Si cette addition des pyrites se fait en Hongrie, à dessein de purifier le cuivre, c'est ce que nous ignorons; nous doutons même qu'on atteigne ce but par-là, car si d'un côté on fournit à la matte de cuivre une plus grande quantité de soufre, de l'autre aussi on en augmente la quantité de fer, & la difficulté de purifier le cuivre reste toujours la même, si elle n'est augmentée par-là.

de se purifier ; en sorte que dans les opérations qui suivent cette fonte, le cuivre n'est débarrassé du fer que dans la même proportion où se trouve le soufre vis-à-vis de lui ; il reste par conséquent toujours une portion de fer dans le cuivre noir, qui ne pourroit être détruite dans le raffinage qu'autant qu'on y ajouteroit de nouveau soufre, & en suffisante quantité pour cela. On remarque en effet que là où les mines de cuivre sont plus sulfureuses, sans être les plus ferrugineuses, & que là où on emploie des pyrites plus sulfureuses que ferrugineuses, on fait le meilleur cuivre ; & s'il existoit des pyrites sans le fer, ce seroit très-certainement celles qui donneroient le plus parfait des cuivres. Mais comme cela n'est pas, & que l'idée même de pareils pyrites est chimérique, il faut se tourner d'un autre côté, pour découvrir, s'il est possible,

un moyen capable de produire du
cuivre parfait ; & comme L. M. I.
ont promis une récompenfe à ceux
qui trouveroient ce moyen , &
qu'il n'y a pas lieu de douter que
tous les favans Métallurgiftes s'em-
preffent d'y concourir, j'ai cru devoir expofer mes idées là-deffus,
d'après plufieurs effais & expérien-
ces que j'ai faites en conféquence ;
mais auparavant j'ai cru néceffaire
d'expofer quelques règles qui me
femblent néceffaires pour parvenir à ce but, & fur lefquelles les
Directeurs des fonderies doivent
avoir grande attention.

Premièrement, comme il a été
démontré précédemment que les
pyrites qui font les plus fulfureufes
& les moins ferrugineufes , font
celles qui conviennent le mieux
dans la fonte crue, il eft très-important d'avoir l'attention dans chaque exploitation, de choifir celles
de ces pyrites qui conviennent le
mieux pour cette opération , fur-

tout il eſt important de ne pas employer de celles qui contiennent de l'arſenic; car cette ſubſtance ſe joignant au fer, cauſe un grand préjudice au cuivre, en le rendant aigre & caſſant. C'eſt pourquoi il eſt néceſſaire que le Directeur ſoit en état d'examiner chymiquement ſes pyrites, afin de bien juger de leur nature & compoſition. Cependant il y en a peu qui ſoient capables de cela ; ils ont coutume ſeulement de fondre leur mine avec du flux noir dans un fourneau à vent, & d'eſſayer le grain qui en provient. Ce régule ne peut être qu'un mélange de ſoufre, de fer, de cuivre & d'arſenic, & ils ne peuvent par conſéquent ſavoir au juſte de combien de chaux de ces ſubſtances le minéral eſt compoſé. Pour ſavoir tout exactement, il faut néceſſairement examiner ce minéral par la ſublimation, dans un vaiſſeau fermé. Lors donc qu'on eſt aſſuré de la qualité de ce minéral, on doit encore favoir en quelle proportion il doit être mis avec la mine. Par exemple, la mine étant très - ferrugineufe, & mêlée d'ailleurs avec des parties perni- cieufes, telles que l'arfenic, l'ad- dition des pyrites doit être bien plus grande que fi elle l'étoit moins, & c'eft en cela que commettent de très-grandes fautes les Direc- teurs de fonderies, foit en ne met- tant pas avec la mine la quantité de pyrites qui lui eft néceffaire, foit en ne traitant pas la *matte* qui en provient, comme il convient. En général, il eft bon de dire qu'il ne faut pas laiffer la proportion trop haute du cuivre dans la matte, parce que ne s'y trouvant pas affez de foufre relativement au cuivre, ce métal refte très-impur. Il fuf- fit qu'elles (*les mattes*) foient de 70 à 80 livres de cuivre au quin- tal. Quand on fait le mélange de mine de cuivre fulfureufe avec des pyrites, fans y ajouter d'autres

mines

mines cuivreufes dépourvues de foufre, comme, par exemple, on le pratique à Schemniz, il eft très-important de faire griller légère-ment l'un & l'autre avant de les foumettre à la fonte. La raifon de cela eft que le foufre n'agit pas tant comme foufre fur le fer, que par rapport à fon acide, qui, dé-pouillé par cette foible chaleur du phlogiftique, s'unit au fer, & le réduit en chaux, laquelle s'en va en fcorie dans la fonte, & laiffe la matte par-là d'autant pure Quoi-que ce principe foit certain, il fe trouve néanmoins des contradic-teurs dans ceux qui font attachés aux anciennes coutumes; mais s'ils veulent bien fe donner la peine de l'examiner par l'expérience, ils en verront l'utilité. Cependant cette règle n'eft pas tellement générale, qu'elle n'aie bien dans quelques cas des exceptions, c'eft fur-tout quand on doit fondre des mines fulfureufes avec de celles qui ne le font pas; alors il ne faut pas faire de grillage, parce qu'il eſt néceſſaire de conſerver aſſez de ſoufre pour ſervir de fondant à ces mines non-ſulfureuſes. D'un autre côté, ce n'eſt pas ſans raiſon qu'il a été dit que le grillage devoit ſe faire lentement ; car ſi le grillage étoit violent, les mines ſe fondroient, & par-là le ſoufre ſe combineroit encore plus avec le fer. D'ailleurs, c'eſt un principe reçu en Chymie, qu'une foible chaleur eſt plus favorable qu'une forte, pour réduire le fer en chaux au moyen du ſoufre. Dans une forte chaleur, au contraire, il reſte conſtamment en flux ſans ſe détruire. Outre cela, de trop forts & de trop grands grillages détruiroient trop de ſoufre, & il n'en reſteroit pas aſſez pour ſcorifier enſuite non-ſeulement le fer, mais encore les parties minérales & étrangères aux mines, à qui le ſoufre eſt auſſi né-

cessaire pour cela (1). C'est d'après
ce principe qu'il est nécessaire que
le grillage de la matte se fasse lentement; car le but de cette opération est en partie pour chasser le
soufre & l'arsenic, afin que le cuivre se trouvant plus rapproché de
lui-même, il puisse être converti
en cuivre noir dans la fonte ; &
aussi en partie pour donner le tems
à l'acide du soufre de pénétrer le
fer & de le calciner, ce qui ne
peut se faire qu'à une chaleur len-
te. Celui qui douteroit de ce principe, n'auroit qu'à faire fondre ensemble du fer, du soufre, & de
l'arsenic, & d'exposer la masse qui
en résulteroit, à une chaleur douce;

---

(1) Dans cette opération, le soufre sert-il aussi
à scorifier les parties minérales non métalliques ?
ce qu'il y a de vrai, c'est que dans certaines
circonstances, comme par exemple, lorsqu'on
scorifie de la mine avec du plomb sous la moufle
de la coupelle, on voit que l'opération n'a lieu
qu'après que tout le soufre est parti. Comment
pourroit-il donc servir à scorifier les parties
minérales ?

il verroit qu'en peu de tems le soufre & l'arfenic feroient chaffés, &
que le fer refteroit fous la forme
de chaux ; tandis qu'en le pouffant
à la fonte, il verroit qu'elle refteroit long-tems en fufion fans
perdre beaucoup & fans que le fer
fût converti en chaux. Pour parvenir à ce but, il eft néceffaire,
premièrement, que le grillage ne
foit pas fait à l'air libre, mais dans
un lieu muré & couvert, car à
l'air libre, le vent pouvant être
trop violent, détermine la matière
à entrer en fufion : dans une autre
circonftance, au contraire, la pluie
& la neige peuvent tellement ra-
lentir la chaleur, qu'elle ne fera
plus fuffifante pour produire l'effet
defiré ; ou il peut arriver que la
chaleur fera trop violente d'un côté, & trop foible de l'autre. Dans
ces deux cas, on ne peut parvenir à
chaffer le foufre, & détruire le fer.
Quoique cette méthode de griller
foit fort mauvaife, elle n'en eft

pas moins employée encore dans la plupart des mines. Il eſt de plus à deſirer que le grillage ne ſoit pas trop conſidérable, comme de cent quatre-vingt à deux cens quintaux de matte, ainſi qu'il eſt d'uſage dans quelques exploitations ; il y en a même où l'on croit bien faire & épargner beaucoup, quand on porte ces grillages au-delà de cette quantité. Mais par cette mauvaiſe méthode, on n'obtient jamais qu'un mauvais cuivre ; car plus la maſſe eſt grande, & plus la chaleur qui doit s'y exciter doit être violente, à cauſe de la grande quantité de ſoufre ; & par conſéquent il doit arriver que la matte ſe fondant, le ſoufre ne peut pas s'en échap-per facilement, & le fer ſe calci-ner. Je crois donc qu'il convien-droit beaucoup mieux de ne por-ter les grillages qu'à cent vingt quintaux au plus ; alors la matte pouvant préſenter plus de ſurface à

l'air, elle se calcineroit beaucoup
mieux.

Dans quelque cas que ce soit,
il est très-important, pour avoir
de bon cuivre, de faire fondre la
matte après l'avoir grillée deux ou
trois fois, & de faire subir ensuite
de nouveaux grillages à la seconde
matte qui en provient ; c'est sur-
tout dans le cas où les mines sont
très-arsénicales & ferrugineuses.
Dans les premiers grillages, les
parties étrangères au cuivre se trouvent calcinées en partie; on en dé-
barrasse la matte dans une seconde
fonte où elles s'en vont avec les
scories, cette seconde matte étant
suffisamment grillée, on peut en
obtenir par une troisième fonte un
cuivre noir.

Telles sont les règles générales
qu'il est nécessaire d'observer pour
parvenir à avoir un cuivre malléable ; & l'on peut établir, comme
un principe certain, que pour avoir
un bon cuivre raffiné, il faut em-

ployer un bon cuivre noir ; car en le convertiſſant en cuivre de rozette, il n'eſt plus tems de le débarraſſer de ſes impuretés (1), mais il reſte toujours dans le cuivre noir, malgré les grillages & les fondages, quelques parties ferrugineuſes ; ainſi il n'y a rien de bien étonnant qu'il puiſſe en reſter encore quelques parties dans le cuivre raffiné ; & il y en reſte d'autant plus qu'on en a moins ſéparé

---

(1) Cependant c'eſt dans l'opération du raffinage où l'on débarraſſe le plus le cuivre de ſes impuretés , & c'eſt là auſſi où l'on peut mieux le faire ; car tout ce qui eſt étranger au cuivre ne pouvant ſupporter comme lui la violence de la chaleur, ſe calcine & ſe réduit en ſcorie ; & pour peu que cet effet ſoit aidé par le ſoufre ou par le plomb, on eſt aſſuré d'avoir par cette opération un très-bon cuivre. Ajoutons encore que plus le cuivre noir approche de l'état de cuivre raffiné , & moins il eſt propre à devenir dans cette opération un bon cuivre ; c'eſt par cette raiſon que certains Fondeurs ajoutent de la litarge au cuivre pendant ſon raffinage, & que d'autres n'attendent pas qu'il ſoit en cuivre noir pour le raffiner ; il eſt vrai qu'alors il faut employer le grand fourneau de reverbère , ſans quoi on ne réuſſiroit qu'imparfaitement.

F 4

par les opérations précédentes. Ordinairement dans un quintal de
cuivre noir, il s'y trouve à-peu-
près 90 livres de vrai cuivre, le
furplus eft de l'arfenic & du foufre.
A la vérité, le peu de foufre qui
s'y trouve encore, fcorifie pendant l'opération du raffinage, une
portion de fer proportionnée à la
fienne, & le tout fe réduit en fcorie ; mais comme cette portion de
foufre n'eft pas fuffifante pour opé-
rer l'entière fcorifation du fer, il
n'y a rien de bien étonnant qu'il
refte dans le cuivre raffiné des
parties de fer qui le rendent très-
impur. C'eft ce qui m'a porté à
croire qu'en faifant une addition
au cuivre pendant fon raffinage,
on le porteroit au degré de pureté
defiré. Les matières que je pouvois
employer pour cela font de deux
fortes, a litarge & le foufre. La
première ne convient pas dans le
raffinage ordinaire, qui fe faifant
parmi les charbons, donneroit oc-

cafion à la litarge de fe rétablir en plomb & de fe combiner avec le cuivre. Mais cette addition feroit très-convenable dans le fourneau, où l'on emploie la flamme des fagots, car la flamme ne peut réduire la litarge; au contraire elle eft bien plus propre à la calciner qu'à la réduire ; alors la litarge, c'eft à-dire, tant qu'elle refte dans cet état vitrifié, peut fcorifier le fer & laiffer le cuivre entièrement raffiné. L'addition de la litarge doit être proportionnée à la quantité de cuivre noir & à fa qualité. On en doit mettre à-peu-près fix ou huit livres par chaque quintal.

Pour ce qui eft du raffinage du cuivre fur le fourneau ordinaire, le foufre pur eft ce qui convient le mieux pour fcorifier le fer, auffi bien que l'arfenic qui peut s'y trouver. Le fer n'a pas de plus grand ennemi que ce minéral, qui n'attaque point d'autre métal, tant

F 5

qu'il trouve à agir sur le fer. Pour
donc parvenir à ce but, il faut jetter le soufre en morceaux sur le
cuivre, lorsqu'il est en parfaite fu-
sion, & le couvrir promptement
avec du charbon, pousser ensuite le raffinage comme il convient, & séparer les scories qui se
présentent. Cependant il seroit à
desirer qu'on ne mît pas plus de
soufre qu'il n'en faut pour scorifier le fer, tant parce qu'il ne faut
pas faire de dépense inutile, que
parce qu'il seroit à craindre que le
surplus du soufre ne s'unît au cuivre même, & que par-là il aug-
mentât la difficulté qu'il a de se
purifier, ou prolongeât inutilement
la durée de son raffinage. Trois
ou quatre livres de soufre suffi-
sent pour détruire entièrement ce
qui reste encore de fer dans le
cuivre noir. Remarquons encore
que cette addition de soufre peut
également bien réussir dans le
fourneau de reverbère.

Ces procédés, je crois, sont entièrement nouveaux, & n'ont point été mis en pratique jusqu'ici ; cependant ils sont tellement selon les règles de la métallurgie, si simples, & si peu coûteux, que je ne doute pas que si la Chambre les fait examiner & mettre en pratique par des Maîtres de fonderies entendus & dépouillés de préjugés, elle ne les trouve propres à remplir le but desiré.

ADDITION.

Il a été démontré précédemment que moins il y aura de fer dans la pyrite que l'on met avec la mine de cuivre pour la fondre en *matte* crue, plus facilement on obtiendra un bon cuivre, parce que la destruction du fer contenu dans la mine, se fera d'autant plus aisément que l'action du soufre de la pyrite sera moins détournée par le fer propre de la pyrite ; mais

comme il est très-difficile de trouver une pyrite qui abonde plus en
soufre qu'en fer , on pourroit y
suppléer en la fondant avant de
l'employer. Par cette fonte on dé-
livreroit la pyrite de la trop grande quantité de son fer , qui s'en
iroit dans les scories, pendant que
son soufre se concentreroit (1).
Cette sorte de matte seroit brisée
& mise par parties avec de la mine de cuivre pour être refondue ,
mais avec cette différence , que
sur une mesure de mine , il n'en
faudroit que la moitié de ce qu'on
a coutume d'en employer communément. Peut-être m'objectera-
t-on que par-là on augmenteroit la
dépense, parce qu'il y auroit une

---

(1) M. de Born en a-t-il fait l'essai ? Est-il
bien assuré de ce qu'il avance ici ? La pyrite,
quand même elle se dépouilleroit d'une portion
de son fer en se fondant , doit perdre également une partie de son soufre , & se trouver ,
après cette opération , dans les mêmes proportions , relativement à la mine de cuivre.

fonte de plus ; mais fi on y fait bien attention, on verra que tout fe trouvera dans la même proportion ; car il faudroit bien moins employer de charbon pour faire la matte avec cette forte de pyrite, qu'avec la pyrite même (1).

(1) Tout cela prouve que M. de Born penfe, auffi bien que M. Délius, que l'addition de la pyrite dans la fonte des mines eft faite dans l'intention de purifier le cuivre ; nous ignorons à la vérité quel en eft le motif en Hongrie, mais nous favons, & nous l'avons dit ci-devant, que par-tout ailleurs on n'a d'autre intention, en faifant ce mélange, que de raffembler dans la fonte les parties de mine trop difperfées dans une gangue dure, & qui ne fauroient fe raffembler fans cela. Il faut donc que cette addition foit appropriée à la nature de la mine ; & il eft clair que fi elle fe fond trop promptement, ainfi que cette matte de pyrite, que propofe M. de Born, elle ne pourra point remplir cet objet.

OBSERVATIONS *sur les Sables aurifères du Bannat, & leur lavage, pour en féparer l'or, par M. Roczian, Confeiller de Cour.*

Parmi les avantages naturels dont eft pourvu le Bannat, on doit ranger les fables aurifères qui s'y trouvent abondamment. Ce fujet m'a paru trop important pour que je ne m'en fois pas occupé dans le dernier voyage que j'ai fait dans ce pays. Le lavage de ces fables aurifères eft précifément l'occupation de cette claffe d'hommes pauvres qu'on nomme zigeuners. J'ai été donc obligé de m'adreffer à eux pour avoir fur ce fujet les connoiffances dont j'avois befoin fur ce lavage. La rivière Nera qui arrofe ce beau pays nommé Almafch, & qui entraîne beaucoup de parties d'or, me fembla propre à remplir mes vues. Je fis en conséquence entreprendre ce travail au village de Boſchoviz, par quelques zigeuners qu'on me donna comme les plus propres à cela. Je vis, non ſans étonnement, avec quelle promptitude ils ſéparent, par leur ſébille, les parties d'or, au-deſſous deſquelles ils m'en montrèrent qui étoient groſſes comme des pois. Ayant été par-là inſtruit de la manière ſimple des zigeuners de ſéparer l'or, & ayant été à portée de faire les opérations qui devoient me ſervir dans la ſuite, je voulus ſavoir où étoit l'origine des parties d'or que cette rivière entraînoit. Une circonſtance particulière m'amena naturellement à cette obſervation. Je vis que les zigeuners ne prenoient pas ſeulement pour faire leur lavage la vaſe & le ſable de la rivière ; mais encore ceux des terres du pays ferme, qui étoient ſur le bord de la rivière, où ils faiſoient des fouilles de quatre à cinq pieds de profondeur , & que la terre qu'ils en tiroient , fournissoit même plus d'or que les sables de la rivière , ce qui me fit penser que la rivière amenoït d'autant plus d'or, qu'elle lavoit davantage ces terres , & qu'au contraire moins elle les lavoit , moins elle entraînoit d'or , surtout dans le tems que ces eaux sont basses, comme on l'a remarqué en 1769, où l'on trouva que les sables de la rivière étoient si peu aurifères , qu'on se vit obligé d'établir le lavage avec les terres du pays ferme.

Pour connoître parfaitement la situation de ces parties d'or, j'examinai le fond de ces fouilles aussi bien que les lieux voisins de la rivière. Voici l'état où se trouvent les terres sur le bord de la rivière. La première couche consiste en un beau terreau de jardin , épaisse seulement de trois quarts de pied. La deuxième, d'argille ,

de deux pieds d'épaiſſeur ; la troiſième eſt une couche crayeuſe,
avec des cailloux ; elle eſt tellement ſolide, qu'on eſt obligé d'employer le coin de main pour la
percer, elle eſt d'un demi-pied
d'épaiſſeur ; la quatrième couche
eſt celle qui contient de l'or ; elle
eſt un mélange de cailloux, de
fragmens de roche & de ſable
ferrugineux ; elle a trois pieds d'é-
paiſſeur, & eſt friable, aiſée à fouiller : cette couche eſt préciſément
la même que les zigeuners fouillent à trente toiſes du bord de la
rivière, & de laquelle ils ſéparent
les parties d'or, autant que je l'ai
pu obſerver, malgré l'eau qui eſt
dans le fond. Je crois que cette
couche en a une autre de nature
chyteuſe pour ſol, & que celle
qui eſt deſſous cette dernière, eſt
une mine de charbon. Je ſuis d'autant plus porté à le croire, qu'en
deſcendant plus bas dans le creux
de la rivière, on voit effectivement

au jour une très-puiſſante couche
de charbon.

De toutes ces circonſtances, il
réſulte 1°. que l'or ne ſe trouve dans
les ſables de la rivière, que parce
que ſes eaux le détachent des terres
où il exiſte ; 2°. que l'or des rivières
ne provient point de filons ou mines particulières d'or, mais bien
de cette eſpèce de couches, dont
il eſt plus facile aux eaux de le
détacher, que d'une gangue ſolide, comme ſeroit celle d'un filon ,
& que c'eſt en un mot dans le
terreau où il faut le chercher (1).
La couche qui contient cet or étant
fort friable , les zigeuners n'ont

----

(1) Nous avons déjà fait remarquer dans une
note de notre expoſition des mines , que M. Pail-
hès & quelques autres avoient déjà obſervé que
l'or qu'entraînent les rivières , ne vient point des
montagnes , comme on le croyoit mal-à propos , mais des pays plats & à terreau. Depuis
ce tems , nous avons obſervé que le Rhin entraîne beaucoup moins d'or vers Bâle , qui eſt
plus proche des montagnes , que vers Strasbourg,
qui en eſt plus éloigné.

point de peine à en féparer ce précieux métal ; elle fe divife parfaitement bien dans l'eau. Cette couche femble monter de l'oueft à l'eft ; comme elle eft par fa difpotion fujette à être lavée par la rivière dans le tems des grandes eaux, on voit tout de fuite la raifon pourquoi les laveurs d'or trouvent mieux leur compte à laver les fables dans la rivière après de grandes eaux, que dans le tems que les eaux font baffes.

Dans la continuation de mon voyage dans ce canton, j'ai trouvé beaucoup de marques d'anciennes fouilles de terres aurifères ; peut-être ces fouilles ont-elles été faites par les Romains. Je remarquai que ces terres étoient également en couches, & que celles qui devoient contenir de l'or, étoient en quelques endroits élevées de fix toifes plus que le bord de la rivière. On voit près des villages Werfcherova, Polvafcheniza, Pur-

lova , *Tumul*, dans le District de
Karanfchifcher , ainfi que dans la
vallée du nom *valle mare*, vis-
à-vis les confins de la Tranfilvanie , depuis Oehaa - Piftra jufqu'à
Marga , fur les rivières qui portent les mêmes noms que les villages dont nous faifons mention,
on voit, dis - je, très - clairement,
que les Romains ont fouillé dans
cette hauteur de la couche aurifère, où il étoit impoffible que
l'eau atteignît jamais. Dans la Tranfilvanie, près de Mulhbacher-Stuhl,
& près du village Olach-Pian, il
fe trouve auffi au pied de la montagne nommée Rudel , en terre
sèche, d'anciennes fouilles de terre
aurifère où il a fallu néceffairement que les Romains employaf-
fent le lavage.

De là il réfulte clairement que
les couches aurifères n'ont point été
formées peu à peu par le dépôt des
eaux, puifqu'elles fe trouvent placées beaucoup plus haut que le lit

de ces rivières, où jamais elles n'ont pu atteindre. On ne peut pas suppofer non plus qu'elles aient pu être formées aux dépens de la montagne; car il faudroit rendre raifon alors pourquoi l'or s'eft raffemblé particulièrement dans cette feule couche, & pourquoi il ne s'en eft pas répandu ailleurs, ce qui auroit dû naturellement réfulter d'un flux d'eau qui auroit jetté indiftinctement les matières çà & là. D'un autre côté, la couche folide dont nous avons parlé, où font les cailloux, étant placée fur la couche aurifère, démontre que celle-ci ne s'eft point formée peu à peu, car il feroit impoffible d'imaginer comment les parties d'or auroient pu pénétrer par le moyen de l'eau à travers cette couche (1). On a

---

(1) Il paroît cependant difficile à concevoir que ces couches fe foient formées toutes en même-tems & en différens dépôts; elles n'ont dû fe produire que fucceffivement & après un laps de tems particulier & confidérable.

donc raifon de croire que la couche
aurifère a été formée par le déluge; qu'elle s'étend par conféquent
fort au large dans le pays. Cela
pofé, il nous refte une grande
queftion à éclaircir, favoir fi cette
grande couche contient par-tout
de l'or. Quoiqu'à quelques égards
on fût fondé à dire oui, je crois
néanmoins néceffaire de fortifier
cette opinion par une circonftance,
favoir, que les Romains ont fouillé
cette couche à commencer dans les
lieux que nous avons cités, jufqu'à
cent toifes au-delà dans la terre
ferme, & auffi long-tems qu'ils ont
pu l'exploiter à tranchée ouverte,
felon leur méthode; ils ont été
forcés de l'abandonner enfuite faute
de connoître l'art de bâtir des
galeries fous terre, pour l'aller
exploiter dans la profondeur, où,
felon la direction qu'elle fuit, elle
doit s'enfoncer de plus en plus.
C'eft par la même raifon que les
zigeuners ne font pas de grandes

fouilles dans cette couche, & qu'ils se contentent de ce qu'ils peuvent en avoir au jour, ainsi que de ce que la rivière leur en procure. On voit aussi pourquoi ce pauvre peuple ne peut pas aller loin dans son travail ; mais comme cet objet est assez important pour mériter de plus exactes recherches, il seroit nécessaire de pousser une galerie sur cette couche, afin de voir si elle s'étend bien loin dans la terre ferme, & si elle renferme partout de l'or ; si elle s'étend véritablement à une certaine distance, & qu'elle soit aurifère par-tout, elle mériteroit la peine d'être exploitée en grand, & qu'on y établît des laveries en règle.

Les zigeuners, pour faire ce lavage, se servent d'une planche à rebord, longue d'une toise, & large d'une demi-toise, qui a à une de ses extrémités une espèce d'enfoncement ou de petite auge, dans laquelle ils font couler avec la

main les parties fableufes qui contiennent de l'or, après en avoir
féparé la plus grande partie fuper-
flue & inutile. Cette efpèce de table eft fituée de manière qu'elle
fait une angle de 45 degrés avec
l'horifon. Le fable aurifère affem-
blé dans cet enfoncement, eft enfuite relavé dans une fébille, par
où l'on en fépare entièrement l'or.
Mais ce travail fe fait avec tant
de preftefse & avec fi peu de précaution, que ces malheureux payfans perdent beaucoup de parties
d'or. Ils jettent même des parties
fableufes auxquelles eft attaché
l'or; c'eft ce dont je me fuis affuré,
au moyen d'une loupe. Ce dernier
fujet mériteroit un plus ample exa-
men; mais peut-être que ces parties d'or ne paieroient pas les frais
que l'on feroit pour les ramaffer
par le moyen du lavage en règle.
C'eft ce que l'on pourroit décider
au moyen d'un petit effai.

Pour conclufion, je dois encore
rapporter

rapporter une remarque que j'ai faite au sujet des couches aurifères du Bannat.

J'ai trouvé que les élévations qui sont sur le bord des rivières qui entraînent de l'or, ne sont formées d'aucune roche solide & dure; & qu'au contraire elles consistent toutes en couches friables, ce qui est une marque de l'existence d'une mine de charbon & d'alun. Par exemple, vers Boschoviz, là où la rivière Néra amène beaucoup d'or, j'ai observé une puissante couche de charbon, qui n'est que peu éloignée de celle qui est aurifère ; ainsi on peut conclure que par tous les lieux où j'ai dit qu'il y avoit une couche aurifère, il y avoit aussi une couche de charbon, qui est au-dessous d'elle. Peut-être en est-il de même sur les bords du Danube, car j'ai remarqué depuis Vienne jusqu'à Passeaw, des mines de charbon ; ne pourroit-on pas conclure de-là qu'il existe dans

G

toute cette étendue des couches aurifères ?

Telles font les obfervations qui me portèrent à examiner les chofes de la manière fuivante. Auffi - tôt que je fus arrivé à Bofchoviz, je m'informai du lieu où M. Rofzian avoit fait fes obfervations, & après avoir obfervé exactement le lieu, je fis rétablir l'ouverture qu'il avoit fait faire, afin d'examiner ce qu'il appelle la couche aurifère. Je la trouvai effectivement telle qu'il l'a décrite, favoir, qu'elle eft un mélange de cailloux, de fragmens de roche & de terre argilleufe brune & de fable ferrugineux. Je vis cependant que la couche qui fe trouvoit deffous celle - là, n'étoit point chyteufe, mais d'une pierre brune & fableufe, qui eft très-friable dans fa fituation, mais qui s'endurcit très-fort au jour. Je fis alors percer ving - fept toifes plus près de la montagne. Après une toife & demie de profondeur, je

trouvai la couche en queſtion, dont
je fis enlever ce qu'il falloit pour
l'eſſayer. Je trouvai en effet qu'elle
contenoit de l'or. Après cet eſſai,
j'en fis tirer trente brouettes pour
en faire un eſſai plus en grand ſur
des tables de lavage. Cela étant fait,
je fis faire une autre fouille à vingt-
huit toiſes de diſtance, & preſqu'au
pied de la montagne; & afin que
je puſſe être inſtruit en même-tems
de la largeur de cette couche, je
fis faire un puits de vingt-deux
toiſes en arrière. Là je trouvai les
choſes tout autrement ; l'argille
griſe qui étoit directement ſous
l'herbe, étoit épaiſſe d'une toiſe.
Après elle, j'en trouvai une autre
de cinq pieds d'épaiſſeur : celle-ci
fut ſuivie de la couche pierreuſe
de quatre pieds & demi; & enfin
celle-là le fut de celle qui eſt aurifère. Après l'avoir eſſayée ſur la
ſébille de main, & l'ayant trouvée
aurifère, j'en fis prendre autant
qu'il en falloit pour faire des eſ-

fais en grand ; ces effais furent faits
felon la méthode de Schemniz.
Voici le produit que j'en eus : trente
brouettes ne me donnèrent que
deux grains d'or pur ; & autres
trente brouettes prifes en un autre
endroit, m'en donnèrent encore
moins, puifque je ne pus en obtenir qu'un demi-grain d'or ; ainfi
la valeur de cet or ne fuffifoit pas
pour payer les dépenfes que j'avois
faites. Il en réfulte par conféquent
que celles que l'on feroit pour faire
cette exploitation en grand, ne
feroient pas compenfées, il s'en faut
bien, par le produit ; fans parler que
tout le terrein étant très-friable,
les dépenfes en étais feroient très-
confidérables, attendu d'ailleurs
que tout ce pays eft privé de bois,
& qu'on n'y a que celui qu'on y
amène par les crues d'eau.

Après ces tentatives, je fis des
recherches dans la couche qui étoit
directement fur la mine de charbon, dont il eft fait mention ; &

je trouvai toujours par le lavage dans l'augette à main, à peine quelques grains d'or; mais ils étoient trop peu de chose pour déterminer à établir là une laverie.

Au reste, le peu de laveurs d'or s'étant retirés vers Banya, Ruderia & Telpofchiz, je fis visiter ces lieux pour reconnoître l'espèce de terre dont les laveurs retirent de l'or. Je trouvai au dernier endroit les choses toutes pareilles à celles que je viens de décrire, & aux deux autres, que les laveurs cherchoient de l'or dans les fossés, où les eaux de pluie s'assemblent, & où ils en trouvoient effectivement quelque peu.

Telle est l'histoire courte de mes recherches. Je vais maintenant exposer les remarques que j'ai faites, & qui pourront en quelque sorte rectifier les observations de M. Rofzian. Ces remarques sont, 1°. qu'aussi-tôt qu'on parvient à la couche où se trouve l'or, on rencontre de

l'eau en abondance. 2°. Lor qu'on n
fépare dans tous ces lieux, eft entièrement pur & très-fin, & n'eft f
nullement uni à de la roche ; quoique je pus conclure qu'il ne tiroit
fon origine ni de veine ni de filon ;
à l'afpect de cette couche mélangée, je voulus encore en être
plus certain, en faifant laver de
nouveau, & examiner avec la plus
fcrupuleufe exactitude les dernières
parties fableufes retirées du lavage
aurifère ; n'y ayant apperçu aucune
partie d'or de cette manière, j'ef-
fayai ce fable au feu, mais je n'en
obtins pas plus d'or. 3°. Cette couche aurifère eft d'autant plus riche
qu'elle eft plus profonde, & elle
eft d'autant plus pauvre qu'elle
s'approche davantage de la montagne. 4°. On tire par-tout une
forte de fable brillant & ferrugineux, qui eft attirable à l'aimant,
& qu'on pourroit peut-être, avec
jufte raifon, appeller fer vierge.
Au contraire, dans les bourbiers

de Banya & de Ruderia, où nous avons dit que les pailloteurs cherchoient de l'or , il ne se trouve que très-peu de sable ferrugineux; mais il s'y trouve en place des parties fines de pyrite ; ce qui est une marque, avec les morceaux de gangue , de l'exiftence de quelques veines cuivreufes (1). L'afpect feul de ce pays pourvu de bois & d'eau, devroit être une raifon fuffifante pour engager un Mineur intelligent à y faire des fouilles.

De tout cela, on ne peut conclure que l'or foit produit dans la fituation où il fe trouve (2). Quoique cette couche foit fort étendue,

___

(1) Les pyrites cuivreufes peuvent affez dénoter des veines cuivreufes , mais les autres ne font d'aucun indice certain ; car on rencontre dans la craie , dans l'argille , dans la terre, des pyrites communes qui y ont été formées comme les autres ont été produites dans des filons.

(2) Non, fans doute, & il feroit difficile de fe le perfuader. Nous ne rapporterons pas ici les conjectures que fait à ce fujet M. de Rofzian.

& qu'on trouve tout auprès une couche de charbon, & des pétrifications qui font des marques certaines que cette couche doit fon origine à une inondation, on ne trouve pas néanmoins en tout cela la moindre raifon de fe perfuader qu'on a dû fe porter plutôt vers elle que dans tout autre endroit. Comme je ne fuis pas amateur des conjectures, je laifferai à d'autres plus éclairés que moi, dans l'hiftoire naturelle, à nous expliquer ce fujet. Je trouve néceffaire néanmoins de prévenir une objection qu'on pourroit me faire, c'eft de dire, que quoique ces couches foient fort pauvres en or, elles produifent annuellement mille florins ; cela eft vrai, mais il faut dire auffi que quoique cette fomme foit en elle-même un objet confidérable, elle n'eft pourtant que très-peu de chofe, eu égard à la dépenfe & à la quantité de monde employé à ces recherches. Je citerai pour exemple l'époque de l'année 1770, où il y eut du côté d'Hypalantar, Orfaver, & de Laransbeſcher, quatre-vingt familles occupées à ce travail, & qui n'obtinrent que pour ſix cens ducats d'or; d'où je conclus que ce travail n'eſt pas aſſez important pour un Mineur, encore moins pour un Mineur Allemand, ce que le zigeuner peut bien mieux faire, n'étant qu'à demi-habillé, & vivant pour la valeur de trois ſous à-peu-près par jour avec toute ſa famille, & ſouvent avec moins encore; il paroît cependant content de ce genre de vie. Dans l'été, il cherche de l'or, & dans l'hiver, n'ayant pas de quoi vivre, il demande l'aumône. Quoique la manipulation des zigeuners paroiſſe défectueuſe au premier abord, elle ne l'eſt pourtant pas; la grande expérience qu'a acquiſe ce peuple par l'habitude de ce travail, l'a mis à portée de la conduire mieux que toutes autres

perſonnes qui n'en auroient pas
l'habitude ; c'eſt de quoi je me ſuis
convaincu de la manière ſuivante :
j'ai fait mettre ſur une de leurs tables, qui ont ſept pieds de long,
qui ſont pourvues de cinquante à
ſoixante découpures ou raies tranſ-
verſales, & dont le penchant eſt
de dix-huit à vingt degrés ; j'ai fait
mettre, dis-je, ſur une de ces tables, la même quantité de ſable
aurifère qu'ils ont coutume d'y
mettre. J'ai vu par le lavage qu'on
en a fait, que la plupart des parties aurifères s'arrêtoient toujours
dans la dixième & la quinzième
découpure, & que de là juſqu'au
bout de cette table, dans les autres découpures, il s'en trouvoit à
peine la huitième partie. J'ai examiné enſuite les ſables qu'on ex-
pulſe de cette table, & je n'y ai
trouvé que fort difficilement quelqu'atôme d'or.

Tel fut le fruit de mon premier
voyage ici, qui, contre mon at-

tente , m'a donné occafion d'y
en faire un nouveau. Il me ref-
toit encore à éclaircir exactement
un point qu'il importoit beaucoup
à M. Hegengarthen de favoir. Il
falloit reconnoître fi la couche
aurifère n'eft pas plus riche dans
une grande profondeur que là où
je l'avois fait fouiller. Il ordonna
en conféquence qu'on fît un puits
de neuf à dix toifes , & jufqu'à ce
qu'on parvînt à une roche folide.
Je reçus ordre en conféquence de
m'y tranfporter de nouveau avec
deux Mineurs entendus; c'eft en
1771; le puits fut fait. Après trois
quarts de toife de travaux , j'atteignis le banc de fable dans lequel
on trouve des fragmens de roches.
J'y trouvai en même-tems de l'eau,
qui y devenoit d'autant plus confidérable , que nous defcendions davantage. Cet inconvénient fut caufe , en même - tems , que la pluie
que nous effuyâmes en plein air ,
que nous ne pûmes avancer au-delà

de trois pieds en douze tâches. Enfin, après une toife & demie, nous atteignîmes la couche aurifère, de laquelle je retirai de tems en tems des échantillons pour les examiner à la fébille, mais je les trouvai toujours fort pauvres, & à peine un grand fceau me donnoit-il un grain d'or. Nous parvînmes à la fin dans la couche de charbon; & ayant reconnu de plus que les couches étoient les mêmes que celles que j'avois obfervées auparavant, je me vis contraint de ne pas aller plus avant. Je trouvai en un mot les chofes telles que je les avois obfervées la première fois.

Tous ces effais me convainquirent que cette terre ne méritoit nullement les dépenfes qu'on feroit pour les exploiter en grand, & qu'on n'en retireroit nullement l'équivalent.

LETTRE XI.

Continuation du voyage de l'Auteur en Transilvanie ; Description des mines de cuivre près de Deva ; & description des mines d'or près de Naggag.

LE pays plat qui se présente près de Lugos, continue jusqu'à moitié chemin de Dobra, où j'atteignis une hauteur composée de chyte solide, qui s'élève de plus en plus. Derrière Dobra, je rencontrai un *saxum metalliferum*, qui continue jusqu'à Deva. Mais par quel affreux chemin fus-je obligé de me traîner ! D'un côté j'avois l'abîme du Moros, & de l'autre, des rochers immenses tout nuds. Je dis me traîner, car outre quatre chevaux qu'on avoit attelés à ma voi-

ture, on y mit encore huit bœufs.
J'arrivai fort tard à Deva. La
sûreté du chemin me soutint
contre ses dangers ; dès que je
fus parvenu aux frontières de la
Transilvanie, entre Dobra & Deva, les deux Hussards qui m'avoient
accompagné de Lugos, me quit-
tèrent, ne m'étant plus nécessaires.
Les Vallacques Transilvains qui sont
en bien plus grand nombre que
dans le Bannat, & les Troupes
nationales qui gardent les frontières, ainsi que la rigueur qu'on exerce contre les vagabonds, ne con-
tribuent pas peu à la sûreté du
pays. Il n'y a que très-peu de tems
que trois voleurs qui s'étoient sau-
vés du Bannat ici, & qui avoient
commis dans la vallée d'Hazeyer
des assassinats, furent empalés vi-
vans à Deva. Ce châtiment horrible qu'on pourroit nommer in-
humain, quoiqu'il ne soit pas fort
rare en Sclavonie & dans le Bannat, a fait une telle impression sur

les habitans, qu'on peut hardiment voyager aujourd'hui par-tout, même la nuit, fans courir aucun rifque.

Le lendemain de mon arrivée, je fus vifiter les mines de cuivre, qui font ouvertes depuis quelques années dans la montagne qui eft à l'oueft, à trois quarts de lieues de Deva. Cette montagne préfente vers fa bafe une roche chyteufe & talqueufe, fur laquelle eft fife une roche marneufe dure, qui continue en allant vers le haut. C'eft dans cette dernière roche que fe trouvent les veines métalliques, & qui y forment, en fe joignant, une mine en amas. Par-là on doit entendre la même chofe que ce que j'ai expliqué dans la lettre neuvième. La différence néanmoins qui fe trouve entre ces deux mines, eft très-grande. Celle de Dognaska, comme nous l'avons vu, eft produite par des filons très-riches & très-puiffans ; celle-ci, au contraire, l'eft par des veines

fort pauvres (1), qui, en se croi-
sant, forment un diamètre de dix
toises, & qui amènent beaucoup
de gangue inutile. On a poursuivi
les filons bien au-delà de cet endroit; mais jusqu'à présent on n'y
a rien trouvé de digne d'attention,
ni dans la profondeur, ni dans la

------

(1) On voit ici, & par ce qui a été rapporté
précédemment, que les Mineurs Allemands,
croient que les mines en amas sont formées
aux dépens des filons qui y aboutissent, quoiqu'on ait autant de raison de croire le contraire, c'est-à-dire, que la mine en amas peut
avoir aussi-bien fourni du minéral aux veines
& filons qui correspondent avec elles, que les
filons à l'amas. Mais quand on connoît mieux
le règne minéral, on sait qu'il n'en coûte pas
plus à la nature de former des mines en amas
& des filons en même-tems, & de les garnir
de minéral, que de faire produire l'un par l'autre. Il y a même plus, c'est qu'il est probable
que la nature a formé toutes les mines dans
la même époque, & qu'elle n'a pas fait dériver
l'une de l'autre; toutes les observations le prouvent; & pour nous borner au sujet qui nous
occupe ici, nous dirons que les veines qui aboutissent aux amas, ne sont pas toujours pourvues
de la même espèce de mine qui se trouve dans
l'amas, comme cela devroit être, si elles l'a-
voient fourni à celle-ci.

hauteur. La gangue de cette mine est une argille molle qui est mêlée cà & là avec du quartz & du spath, dans laquelle on trouve de la pyrite cuivreuse variée en couleur. Les parties les plus riches de cette mine ne tiennent que dix-sept livres de cuivre au quintal ; le quintal de ce cuivre tient ordinairement un gros & vingt-quatre grains d'argent, & le marc de cet argent douze grains d'or. Ce peu d'argent & d'or ne méritent pas qu'on passe ce cuivre à la liquation. Cependant les Entrepreneurs de ces mines se flattent qu'ils trouveront un moyen de séparer l'un & l'autre à profit.

Les fouilles que l'on a faites dans cette mine sont fort irrégulières ; car là où l'on trouve de la mine, on fait une ouverture , & on la continue tant qu'on y en trouve; on la laisse lorsqu'on n'y en trouve plus; de sorte que cette exploitation ressemble plus à celles des

peuples barbares qu'à celles d'un ſ
peuple mineur. Juſqu'ici on n'a ſ
point établi de fonderie pour ces ſ
mines ; cependant on en a envoyé ſ
une certaine quantité à une fonderie ſ
voiſine, afin de connoître le profit ſ
qu'on a lieu d'en eſpérer, avant de ſ
ſe déterminer à faire les dépenſes néceſſaires pour bâtir une fonderie.

Après avoir employé toute une
matinée à voir cette mine, je ré-
ſolus d'aller l'après midi à Naggag,
& de continuer ma route, en allant ſur ces hautes montagnes qui
ſont au-delà du Moros. Ces montagnes conſiſtent en une roche
argilleuſe, mêlée de mica & de
choerl ; elles ſont recouvertes de
chyte. J'arrivai après trois heures
de marche au village de Naggag,
qui eſt éloigné d'une lieue & demie
du lieu où ſe trouvent les mines,
& qui, malgré cet éloignement,
lui a donné ſon nom, parce que
lors de la découverte de ces mi-

nes, il n'y avoit pas de village plus près. Mais pour arriver à ces mines, on fut obligé d'atteler d'autres chevaux à ma voiture ; car les petits chevaux Hongrois que j'avois, qui ne font accoutumés qu'à courir fur le pays plat, n'auroient pas été capables de me traîner fur un chemin, fi montueux. Enfin j'arrivai heureufement fur le foir à Sckeremb, c'eft le nom du lieu même où l'on exploite ces mines d'or. De tous les côtés on ne voit rien que des vallées entre lefquelles on découvre une place où l'on voit plus de cent maifons, des laveries, de grandes *halles*, & une Eglife. Tout cela forme un village qui n'eft foutenu que par l'exploitation des mines feulement, car la fituation & difpofition du terrein, ainfi que les variations continuelles de l'air, empêchent de cultiver la terre.

La grande quantité de bois que l'exploitation de ces mines a déjà

confommée, a tellement éclairci
la forêt des environs, qu'on eft
obligé aujourd'hui d'aller chercher
les pièces de bois pour faire les
piliers des cuvelages aux endroits
les plus éloignés du bas de la montagne où coule la rivière Muros.
Les propriétaires de ces fonds ne
s'oppofent nullement à la coupe
de ces bois; au contraire ils en font
fort aifes, puifque par-là ils trouvent
le moyen d'entretenir un plus grand
nombre de troupeaux. Chacun a
foin d'entretenir un cabaret fur
fon terrein, pour donner du vin
aux Mineurs. Mais la direction des
mines eft obligée de retenir chaque mois fur la paie des Mineurs
une certaine fomme pour le paiement de cette dépenfe.

Les montagnes font ici compo-
fées entiérement de notre *faxum
metalliferum*, fur lequel eft pofé
un efpèce de chyte rougeâtre. On
doit la découverte de ces mines
d'or comme de beaucoup d'autres

endroits en Europe, au pur hafard. Un Vallacque nommé Armeniane-John, avertit mon père, qui faifoit alors exploiter une riche mine d'argent dans ce pays , qu'on voyoit toujours une flamme près de Nag-gag , & lui dit qu'il croyoit que cela défignoit une riche veine métallique. Heureufement que mon père étoit affez difpofé à faire des fouilles par-tout où il foupçonnoit qu'il y avoit des mines. Il ne manqua pas de pouffer une galerie à l'endroit indiqué ; mais il y fouilla inutilement pendant plufieurs années ; à la fin il s'en laffa & étoit fur le point de l'abandonner, lorfqu'il s'avifa de fe détourner un peu de côté ; alors il parvint à une riche mine d'or, dont le minéral étoit feuilleté & noir , ce qui fut caufe que l'on regarda d'abord ce minéral comme une mine de fer micacée, & on ne fut affuré du contraire qu'après l'avoir effayé en règle. Cette heu-

reufe découverte porta mon père
à employer tous fes moyens pour
pouffer vigoureufement cette exploitation ; dans cette vue, il s'af-
focia quelques-uns de fes amis, &
conduifit les travaux felon les règles de l'art. Dans la fuite on découvrit trois veines du côté du chevet, & une autre dans le toît, lefquelles couroient prefque parallèlement les unes aux autres ; & felon
auffi la vallée, elles fe panchent
de l'oueft à l'eft. Quand on fut parvenu au chyte rougeâtre dont nous
venons de parler, on trouva que
ces veines fe coupoient, & cela
par une raifon qui me femble ai-
fée à comprendre ; car fi les filons
n'exiftent qu'entre le chyte & la
roche graniteufe, il n'y a rien d'é-
tonnant qu'elles ne paffent pas outre, & qu'elles fuivent toutes les
tortuofités que font ces roches enfemble.

Dans l'endroit qui eft en face
de ce lieu-là, nous avons décou-

vert une autre veine qui a fa direction vers le nord, ce qui donne
lieu de croire qu'elle croife les autres
veines, & qu'en la fuivant on les ren-
contreroit; cependant cette veine
s'eft montrée fort pauvre jufqu'à
préfent; on y a trouvé feulement
de tems en tems quelques morceaux
ifolés de mine, qui font efpérer
qu'en s'élevant dans la montagne,
on la trouvera plus noble.

On a déjà pourfuivi ces filons
pendant plus de foixante toifes de
profondeur, & on a obfervé que
plus ces filons defcendent, plus ils
font riches en argent & pauvres
en or; & qu'au contraire, plus on
s'approche du jour, plus ils font
riches en or & pauvres en argent.

Jufqu'ici on a eu cette commo-
dité, qu'on a conduit le minéral
horizontalement par une galerie
jufqu'au jour. Il y a plufieurs années qu'on a fait une galerie de
décharge, au bas de la montagne,

qui se trouve encore à plus de trente toises plus basse que l'endroit que l'on poursuit présentement ; & quand on aura dépassé cette galerie, on aura encore assez d'espace le long de la montagne pour faire une autre galerie de décharge.

La galerie dont je parle a été poussée pendant douze toises, dans une roche qui est composée de gros cailloux arrondis, ou gallets, & de la terre argilleuse endurcie ; si elle avoit été plus dure, elle auroit pu être regardée comme la roche qu'on nomme *Breccia*. Après cette roche, il s'en présenta une autre rougeâtre, chyteuse, qui dura pendant trois cens soixante toises, à présent on a en face une pierre de grais, qui devient de plus en plus dure, & qui nous fait prévoir que nous allons arriver sur la roche graniteuse dont nous avons parlé plus haut.

La

La fragilité de cette roche occasionna beaucoup de dépense , parce qu'il fallut carceler par-tout exactement , & en même - tems , pour se trouver en état de faire parvenir de l'air & de faire couler les eaux dans tous les tems , il fallut prendre un espace suffisant , ce qui alloit jusqu'à douze pieds de hauteur. A l'égard du dessus & des fouilles en degrés qu'on fait pour la poursuite en montant, on les soutenoit au moyen de bouts d'appuis , que l'on maintenoit par le moyen de forts piliers de chêne. Pour faire circuler l'air dans cette galerie, on plaça une trompe à son entrée , qui consistoit en un tonneau dans lequel tomboit de l'eau qui poussoit l'air jusqu'au lieu où l'on travailloit , dans des canaux de bois bien fermés.

D'ailleurs l'exploitation est ici très - bien conduite. Quelle joie n'auriez-vous pas de voir en plusieurs endroits six ou sept degrés,

H

par lesquels on s'élève de plus en plus en détachant de la riche mine, ou de voir qu'on paſſe des endroits où les veines ont trois ou quatre pieds de largeur, & qui promettent un riche butin pour long-tems ? Il eſt défendu aux Mineurs d'abattre la riche mine, ou les places qui paroiſſent en tenir, qu'en la préſence d'un des Maîtres Mineurs. On fait d'abord une échancrure à côté, après quoi on place une toile deſſous pour recevoir les fines parties & enlever le tout exactement. Souvent cet enlèvement des parties riches des filons ne ſe fait que vers la fin de la ſemaine.

A préſent le courant de l'air eſt établi dans cette mine par le moyen d'un puits qu'on nomme Daniel, & qui communique aux pourſuites les plus profondes ; & le tirage de la mine ſe fait juſqu'aux galeries, d'où elle eſt enſuite conduite au jour.

Les matières qui ſervent de gangue à ces mines, font une forte de feld-fpath rouge & d'un quartz gras. Les mines riches font feuilletées, brillantes, d'un brun noirâtre; on peut en féparer aifément les parties feuilletées, au moyen de la pointe d'un couteau ou d'une aiguille; elles fe laiffent ployer & couper comme le mica. Il s'y trouve une autre forte de mine riche, unie intimement à un fpath rouge pâle (1); cette mine reffemble affez à celle qu'on appelle mine blanche en Saxe. Expofée au feu, elle reffemble à de l'argent vierge, qui, à caufe de l'or qu'il contient, paroît jaunâtre ou couleur de feu. Parmi ces mines, il fe trouve auffi de l'argent vierge qui eft aurifère; il s'y trouve encore une autre forte de mine, qui eft appellée par les Mineurs *Katinerʒ*; elle confifte en

---

(1) Nous foupçonnons que c'eft du fpath calcaire, car c'eft lui qui fe préfente le plus fouvent avec cette couleur.

grains d'or & argent confondus dans une terre argilleufe & chyteufe. Les autres efpèces de mines font, ainfi que la première, fous forme feuilletée, mais elles font fort maigres en mines, & à peine s'y trouve-t-il çà & là quelques grains de véritable mine. Quelques morceaux de ces mines reffemblent affez à de l'antimoine. D'autres ont dans leur mélange de la molibdène, qui ne changent nullement au feu y étant expofés dans un vaiffeau fermé, mais laiffent fur la coupelle, un très-petit grain d'or. Parmi ces mines, il fe trouve auffi de l'antimoine en barbe de plume, de l'orpiment rouge ou réalgar, & du cinabre en petits grains. Tous ces demi-métaux laiffent un petit grain d'or fur la coupelle.

Les plus riches morceaux font portés de la mine au triage dans des coupes de bois, pour y être triés par les *Entailleurs* à la fin

de leur tâche. Ces mines donnent de 90 à quatre cent lots d'argent au quintal , & chaque marc
de cet argent fournit de deux cens
à deux cens dix deniers d'or, c'eft-
à-dire, de douze jufqu'à trente lots
d'or. Les parties féparées par le
pilage de ces mines, donnent quinze
à vingt lots d'argent, dont le marc
fournit foixante à cent deniers d'or.
Les parties les plus fines du pilage
donnent jufqu'à trente lots d'argent , & le marc d'argent donne
cent ou quatre-vingt deniers d'or.
Les plus pauvres parties de ces mines font tirées au lavage de la cuve.
Les parties groffières qui reftent
fur le tamis le plus groffier , & fur
le fecond, font encore relavées &
triées par les vieux Mineurs, qui
les écrafent avec le marteau, & en
féparent ce qu'ils peuvent de mine.
Pour ce qui eft des parties fines
qui paffent par les cribles , elles
font lavées fur les tables comme à
l'ordinaire.

H 3

Il reste encore dans les parties de gangue séparées deux ou trois lots d'argent, dont le marc rend cent deniers d'or ; & ce qui est rejetté de dessous le marteau, est pilé au boccard & lavé sur les tables. On en obtient un lot & demi ou deux lots d'argent, dont le marc fournit jusqu'à cent trente deniers d'or.

Quelque fines que soient réduites les mines riches, on n'y découvre cependant aucune partie d'or, avec une loupe ou microscope. M. Scopoli, Conseiller aux Mines, a examiné chymiquement ces espèces de mines, & en a donné un détail considérable dans son *Anno Historico naturali, &c.* Le sieur Schreber, Professeur, en a imprimé une traduction dans son Journal. Vous avez lu l'un & l'autre, & peut-être que dans la suite vous aurez occasion d'examiner vous-même cette singulière espèce de mine d'or, & d'apprécier le travail de M. Scopoli.

Tous les mois on essaye les mines, on les divise & on les pèse.
La plus riche espèce est pilée dans
un mortir de fer; on l'humecte &
on l'enferme dans un sac; on l'ap-
porte, aussi-bien que les autres
espèces de mine, en passant par-
dessus les montagnes, à Zalathna,
où elles sont essayées de nouveau
par un Essayeur Royal, & ensuite
estimées selon leur valeur. Comme
on est obligé d'humecter les mines
dans la crainte qu'il ne s'en perde
par les chemins, à cause des se-
cousses qu'elles éprouvent, on défalque trois livres par chaque quintal de mine, & en outre on déduit
deux florins pour chaque quintal
de mine, pour les frais de la fonte,
& plus de cinq pour cent pour
le travail qu'on est obligé de faire
pour la séparation de l'or & de l'argent. Toutes ces défalquations faites, il ne revient de net pour les
Exploitans, que trois cens florins
pour chaque marc d'or , & dix-

neuf florins & trente fols pour
chaque marc d'argent.

A l'égard des dépenfes journa-
lières qu'on fait pour cette exploitation à Nagyag, elles font plus
confidérables qu'ailleurs, à caufe
que les vivres y font rares, & qu'on
eft obligé de les faire venir de
loin à dos de cheval. Tout cel..
raffemblé, avec les gages des Mineurs, fait monter les dépenfes
pour chaque mois, de fix à fept
mille florins. Dans l'extraordinaire, elles vont quelquefois à cent
mille. Malgré ces énormes dépenfes, la Direction ou les Intéreffés à
cette exploitation, partage chaque
mois de huit à dix, & même quelquefois jufqu'à vingt mille florins.
Cette feule exploitation a fourni
depuis vingt ans plus de quatre millions de florins, tant en or qu'en
argent.

Si j'avois ici à parler à une perfonne moins inftruite que vous,
des grands avantages que procure

à un Etat l'exploitation des mines,
fi je voulois convaincre les incré-
dules de la réalité de ces avantages, je n'aurois qu'à lui faire le
détail de l'état où fe trouvoit ce
lieu avant qu'on y exploitât des
mines, & de l'état où il fe trouve
maintenant, on y verroit un pays
des plus fauvages & des plus de-
ferts, & qui eft très-habité aujourd'hui.

Sa Majefté Impériale & Royale
s'eft retenu quinze actions fur ces
mines, en y impofant les loix néceffaires pour leur direction. C'eft
en conféquence de ces loix, &
pour leur maintien, que Sa Majefté y entretient une perfonne
très-entendue dans l'exploitation
des mines. Maintenant celui qui
exerce cet emploi, eft M. Daniel
Caftillans, qui connoît parfaitement la nature & qualité des mines,
& les montagnes du pays. Il conduit les travaux avec beaucoup
d'intelligence. Il eft le premier en

Transilvanie qui ait fait construire des boccards & laveries régulieres, & qui ait fait piler & laver, au moyen de sept laveries, six cens quintaux de mine en un jour. Mais le manque d'eau ici dans l'été l'a obligé de construire un étang pour rassembler les eaux des pluies, afin que les boccards puissent aller dans les tems de sécheresse.

LETTRE XII.

Des Auteurs qui ont écrit sur les mines de la Transilvanie ; riches mines de Zalathna & de Lorette ; de l'exploitation de ces mines ; mine de mercure.

LA Transilvanie mérite toute l'attention d'un Naturaliste ; mais il faut que ce Naturaliste soit en même-tems Mineur , s'il veut tirer tout l'avantage possible de son voyage dans ce pays.

Dans toutes les montagnes de ce beau pays, on trouve des marques de l'existence des mines , & cependant la plupart de ces montagnes sont délaissées ou inconnues. Si je n'avois pas un tems limité pour retourner à Schemnitz , je n'abandonnerois pas ce pays encore de long-tems, non pas parce que j'y fuis né, mais pour chercher à découvrir tous les avantages qu'on pourroit en tirer.

Nous connoiſſons ſur l'Hiſtoire naturelle de ce pays, le *Auria Romana Dacia* de Samuel Booſeri, imprimé à Harmenſtadt en 1717; ce ſavant Médecin, qui a été dans la ſuite Inſpecteur - Général des mines de la Tranſilvanie, a plus eu en vue de parler de l'antiquité & des richeſſes des mines de la Dacie ſous le règne de Trajan, que des productions du pays & de la nature des montagnes. Avec beaucoup moins de talent & de connoiſſance, un Jéſuite nommé Fridwalſtey, ſe haſarda, il y a quelques années, d'écrire une eſpèce de Minéralogie ſur la Tranſilvanie. Son livre a pour titre : *Mineralogia Tranſilvania*, & n'eſt rien moins qu'intéreſſant. C'eſt un recueil informe d'obſervations, la plupart fauſſes, & qui ſemblent n'a-

voir été écrites que d'après les préjugés des Mineurs , que ce bon
Pere n'a pas été en état d'apprécier. On y trouve en outre des
contes de bonnes femmes , indignes
d'un pareil projet. Il y a plus, ce
livre eſt écrit ſi obſcurément, qu'il
faudroit ſouvent être un Œdipe
pour deviner ce que l'Auteur a
voulu dire. Peut-être aurai-je occaſion de voir moi-même ce Minéralogue ſi fameux , en paſſant à
Clauſenbourg , & après cela je
vous dirai plus particulièrement
ce que c'eſt que ce bon père , & s'il
eſt d'un eſprit propre à nous faire
eſpérer quelque choſe de meilleur
ſur l'Hiſtoire Naturelle.

La Minéralogie d'un pays où je
ſuis né , eſt pour moi un ſujet aſſez
attrayant pour me faire deſirer
quelquefois d'y paſſer quelques années , à deſſein de m'inſtruire de
tout ce qui regarde cet objet. Mais
maintenant il ne me reſte que peu
de tems à employer , & je dois le

mettre à profit. C'eſt dans cette intention que je ſuis allé de Nagyag à Zalathna, le 30 de ce mois. J'ai viſité auſſi-tôt les mines qui ſe trouvent dans ces environs. Notre ſaxum metalliferum eſt l'eſpèce de roche qui compoſe toutes ces montagnes. On la trouve couverte avec du chyte rougeâtre, à compter à deux lieues de Nagyag, près·du village de Vallaque, nommé Barzchà. Là il s'élève une montagne calcaire, qui eſt placée directement ſur la roche graniteuſe dont nous parlons. Dans cette roche calcaire, on a découvert quelques apparences de mine de cuivre, qui ont donné lieu à quelques recherches, mais dont les ſuites n'ont pas été heureuſes. Cette roche calcaire, ainſi que la montagne du village nommé *Glut,* ſont en chyte rouge; mais il eſt ſi friable à ſa ſurface, que l'eau le détache aiſément, & l'entraîne de manière qu'il ronge tout le terrein des environs. Après

cinq heures de chemin, j'arrivai à
Zalathna, qui est maintenant le
Siége du Conseil des mines, comme
il semble qu'il l'a été du tems de
Trajan. Ce que l'on entend dire
ici de *Procuratoribus Aurariorum
Daiæ*, & d'un *Collegio Aurariorum*, le confirme. Quelques inscriptions qu'on y voit encore,
viennent à l'appui de cette opinion.
Zamoscius, Lazius, Rœlser, ainsi
que Friedwalzky, ont rassemblé
les inscriptions qui se trouvent en
Transilvanie. La situation de Zalathna est des plus agréables; il est
dans une belle vallée au long de
laquelle la rivière Crapoi coule.

Les Vallaques regardent ce bourg
comme leur ville capitale en Transilvanie; ils y sont très-souvent,
sur-tout les jours de marché. Les
principales maisons sont habitées
par les Officiers royaux des mines.
Les loix des mines different ici de
celles de la Hongrie, en ce que les
intéressés aux exploitations sont

maîtres de suivre ou de ne pas suivre les réglemens du Conseil des mines, pourvu qu'ils livrent leur or & leur argent au prix arrêté, c'est tout ce qu'on exige d'eux ; savoir, le marc d'or pour trois cens florins, & le marc d'argent pour dix-neuf florins & trente sols : on défalque là-dessus cinq pour cent pour payer les frais de la fonderie. Les Exploitans qui ne sont pas encore en profit, doivent souvent de grandes sommes au Conseil ; car pour les mettre à portée de pouvoir soutenir leur exploitation, on ne leur retient pas dans le moment les cinq pour cent.

Le Conseil des mines de Zalathna, qui consiste en un Grand-Maître ou Directeur-Général, un Géomètre, un Caissier, un Maître des Comptes & un Notaire, est subordonné à la Chambre de Hermanstadt, dont il reçoit les ordres & à laquelle il rend ses comptes. Cette Chambre relève de son côté

du Grand - Conſeil royal des Mines de Vienne. Il y a ici de plus
un Juge, aſſiſté de pluſieurs Conſeillers, qui décide des difficultés
qui ſurviennent dans les exploitations. Il y a encore un tréſor royal
pour payer à certain jour de la ſemaine la livraiſon qu'on a faite au
Conſeil, de la poudre d'or des Vallaques & des Zigeuners, ſelon le
prix fait, c'eſt-à-dire, à raiſon de
trois florins & trente ſols par lot.
Cependant ſi cet or a paſſé par le
mercure, étant plus pur, il eſt payé
douze ſols de plus. Cette règle eſt
très-importante à ces pauvres payſans, dont la plupart ne vivent que
de leur lavage, car de cette manière ils ſont aſſurés d'avoir de l'argent chaque ſemaine, à proportion
de la quantité d'or qu'ils apportent.
Mais comme la plupart y portent
très-peu d'or, & qu'à peine ſouvent
y en a-t-il trois ou quatre deniers,
il eſt impoſſible qu'on puiſſe faire
l'eſſai par le départ, pour juger de

fa pureté ; ainfi on n'en juge que
par approximation. De-là vient que
les Vallaques fripponnent quelquefois, en ajoutant à leur or, quand
il eft d'un beau jaune, quelque peu
de poudre d'argent, pour en aug-
menter le poids. Mais croiriez-vous
bien que quoique l'or que livrent
ces payfans foit en petite quantité,
il fe monte néanmoins, en le
comptant avec celui que produifent
les mines, jufqu'à dix quintaux
par an ?

Afin de ne pas perdre de tems,
je partis auffi-tôt après-dîner pour
aller vifiter les riches mines d'or
nommées Marie de Lorette, fituées
dans la montagne Faubajer, pas
bien loin de Zalathna au nord. Après
une demi - heure de marche,
j'arrivai au pied de la montagne
qui eft couverte de chyte, & fous
lequel eft une roche cornée auffi
de qualité chyteufe. Cette montagne eft en pente douce à une hauteur à-peu-près de cent vingt-cinq

toifes ; on rencontre une galerie nommée du nom de Sigifmond, qui a été faite par les anciens, fuivant la tradition : on prétend que c'eft fous le règne de Sigifmond, au quinzième fiècle, & on dit qu'on en a retiré de grandes richeffes.

Lorfqu'on fait attention que cette galerie eft pouffée pendant trois cens toifes de longueur, avec fix pieds de hauteur, à travers un roc fort dur, & qu'en ce tems on n'avoit pas encore l'ufage de la poudre à canon ; on voit qu'elle n'a pu fe faire qu'avec le cifeau & le marteau, ce qui a dû exiger un tems très-confidérable, & on ne peut fe refufer à croire que ce ne foit là le travail d'un peuple efclave fous la dénomination des Romains, dont on a beaucoup d'exemple ailleurs. Peut-être qu'au tems de Sigifmond, on ne fit autre chofe que de nétoyer cette galerie ; & que chemin faifant on rencontra de la mine riche qu'on exploita,

& que c'eft de-là que proviennent
les richeffes dont on parle tant. Il
eft pourtant admirable de voir qu'on
a pouffé en ligne fi droite cette galerie jufques fur le filon, ce qui
prouve fuffifamment que les anciens favoient employer leurs connoiffances en Géométrie dans l'exploitation des mines. Mais ce qu'il
y a encore de remarquable, eft
qu'on voit encore dans cette galerie,
des marques qui atteftent qu'il y a
eu jadis un conduit d'air, par où l'on
voit la raifon pourquoi on avoit donné tant de hauteur à cette galerie. Le
filon court du fud au nord ; ainfi
la galerie dont nous parlons venant
de l'oueft, le croife juftement.

Le quartz, la pierre cornée, ou
petro-filex de Cronftedt, font les
gangues dans lefquelles on trouve
des pyrites aurifères, qui tiennent
de deux jufqu'à quarante lots d'or
pur par quintal. Au jour de cette
mine on travailloit une forte de
pyrite qui tenoit quatre lots d'or ,

une argille qui préſentoit auſſi au lavage quelque peu d'or ; mais maintenant cette mine ne ſe trouve plus dans cette heureuſe circonſtance. A environ cinquante toiſes de la galerie de Sigiſmond, je rencontrai un grais ſur lequel eſt poſé un chyte comme à l'ordinaire ; une autre galerie qu'on a pouſſé plus bas pour parvenir à la mine, ſe trouve dans un grais gris, jaunâtre & fort fin. A cette roche en ſuccède une autre qu'on nomme ici *Bacsſtein*, qui eſt un compoſé de cailloux uſés & arrondis & d'argille endurcie. C'eſt le *Brecia arnecea* de Cronſtedt, ou le poudingue des Anglois. Sur cette pierre ſe trouve la pierre cornée, petro-ſilex, dans laquelle courent parallèlement deux veines, qui ſont éloignées de cinquante toiſes l'une de l'autre. L'une de ces veines ſe nomme la veine d'or, & l'autre la veine d'argent ; ces veines en ont encore d'autres plus petites d'accompagnement. La veine d'argent

donne une forte de mine grife qui
eſt ſemblable au Fahletz des Allemands, qui contient huit lots
d'argent au quintal, & dont le
marc donne vingt deniers & plus
d'or (1). Mais cette veine, quoique très-importante pour une exploitation, eſt délaiſſée, & on ne
s'occupe que de celle de l'or qu'on
exploite très-vigoureuſement.

Dans cette pierre cornée, & au
beau milieu du filon, on a rencontré
une maſſe de grais qui a trois toiſes à-peu-près de diamètre, & dans
laquelle on a approfondi juſqu'à
huit toiſes; ce qu'il y a de ſingulier, eſt que ce rocher eſt fermé
de toute part par la roche cornée.

____

(1) Si cela étoit tel que l'Auteur le rapporte,
ce feroit une découverte en Minéralogie ; ſavoir
qu'il y eût une mine d'argent grife contenant de
l'or ; mais l'or que fournit l'argent de cette mine,
ne provient-il pas plutôt de la pyrite aurifère
mêlée avec cette ſorte de mine ? Ce fait méritoit un plus grand détail, & je vois à regret
que M. de Born nous laiſſe dans l'incertitude à
cet égard.

Cette pierre n'eſt pas préciſément un grais ordinaire ; ſes parties ſont de pluſieurs groſſeurs, ainſi que de pluſieurs couleurs, & forment pluſieurs couches diſtinctes entr'elles, les unes d'un pouce & les autres d'un pied ou demi-pied. Mais ce qu'il y a ici de bien extraordinaire, c'eſt que chacune de ces couches a un contenu d'or particulier, ce qui dépend du plus ou moins de pyrite aurifère qui s'y trouve. Une de ces couches donne juſqu'à cent lots d'or au quintal, tandis qu'une autre n'en donne que quatre. Il m'a ſemblé que celles de ces couches qui ont le grain le plus fin, ſont celles qui ſont les plus riches en or ; cependant M. Veiſſé, Inſpecteur de ces mines, m'a aſſuré que cette règle ſouffroit des exceptions quelquefois ; mais une autre circonſtance qui ſe montre ici, & qui n'eſt pas moins digne d'attention, eſt qu'il ſe voit dans la roche cornée une grande quantité de petits trous ronds de la profondeur de trois ou quatre pouces. Je crus d'a-bord que c'étoient des trous faits par les Mineurs pour les tirages de la poudre ; mais après de plus amples informations , j'appris que c'é-toient des trous naturels , dans cha-cun desquels il se trouve un caillou. J'apperçus en effet dans quelques-uns de ces trous, de ces cailloux. Je vous avouerai qu'en cette occa-sion , comme en bien d'autres , mon imagination n'a pu me pré-senter une conjecture raisonnable pour expliquer la cause de cette singularité, si on n'admet pas que l'existence de ces cailloux date de la même époque où la matière qui les renferme étoit molle. Il m'est impossible d'ailleurs de concevoir la formation de cette montagne singulière, & ce seroit en vain que je mettrois mon esprit à la torture pour l'expliquer. C'est à vous à m'ai-der de vos lumières, d'après les ob-servations que vous avez pu faire ailleurs :

ailleurs : peut-être que quelque Minéralogue se croira fondé à expliquer la formation de cette montagne, en disant qu'elle est le produit de l'aglomération des parties détachées ou brisées des montagnes antérieures ; par la même raison on pourroit croire, & peut-être avec quelque fondement, puisqu'on en a des exemples ailleurs, que la mine dont il s'agit est bornée ; & qu'elle pourroit bien ne pas durer long-tems, puisque d'ailleurs les veines qui l'ont produite commencent à se couper. Il me semble encore qu'on s'est ôté la ressource d'en savoir davantage, en ne poussant pas une galerie principale à travers cette montagne ; galerie qu'on avoit commencée il y a quelque tems.

Les mines qui sont dans cette exploitation sont singulièrement remarquables par rapport à leur apparence simple de pyrite ordinaire. Cependant ces mines tiennent depuis deux jusqu'à neuf cens lots d'or au quintal. Sur quelques morceaux de cette mine on voit de l'or vierge ; & fur d'autres, comme l'a très-bien remarqué M. Brinnich dans la nouvelle édition de Cronftedt, on trouve de l'or fous la forme & couleur de tabac d'Efpagne. Sur d'autres, on n'apperçoit point abfolument d'or avec les meilleures loupes. Pulvérifée finement, on n'y en apperçoit pas plus. Les Mineurs connoiffent fi bien à la feule apparence ces mines, qu'ils les féparent, ou les réuniffent fort bien felon leur richeffe, nature & qualité. L'Effayeur de l'exploitation prend un effai de chacune de ces qualités, & après quoi elles font livrées à la fonderie royale, chacune en particulier , où elles font effayées de nouveau par l'Effayeur du Confeil des mines, & enfuite payées.

Si on met fous la moufle d'un fourneau de coupelle, un morceau de cette mine, ou fi on l'expofe à

une forte chaleur, on voit fuinter
par les pores de cette mine de petits globules d'or, ainfi qu'il arrive
à la mine de Nagyag.

La mine de Boccard, qui confifte en l'efpèce de roche cornée,
parfemée de pyrites, eft calcinée
avant d'être pilée, afin d'attendrir
fa roche, & qu'elle fe divife plus
facilement dans l'eau. Cependant
par cette opération, on éprouve
un déchet confidérable en or; car
les parties aurifères divifées finement par-là, fe perdent en allant
dans l'eau avec la roche (1). Il eft

____

(1) D'après l'expérience, cependant, fi on pi-
loit cette forte de gangue fans la griller auparavant, outre que cette opération ne fe feroit que
difficilement, on auroit certainement une plus
grande perte d'or, vu que les parties de pyrite
aurifères font beaucoup moins péfantes que celles
de l'or non minéralifées. Il y a plus, en l'égrillant
d'abord, on dégage l'or de beaucoup de parties
étrangères, & on le rapproche, pour ainfi dire,
beaucoup plus de lui-même; fes parties font donc
plus maffives & plus propres à fe précipiter dans
le lavage, que ne le feroient les parties de pyrite
crues.

vrai que les pilons n'étant armés ici qu'avec de la pierre de l'espèce cornée la plus dure, au lieu de fer, il est absolument nécessaire que cette gangue soit attendrie par la calcination. D'ailleurs les boccards sont aussi mal conditionnés qu'ils puissent être , ils ne sont pas couverts ; de sorte que le courant des pluies emporte une partie du *brouail* ou *sable minérai.* Leurs roues sont si petites, qu'elles exigent une grande quantité d'eau pour être mues. Les fossés sont à-peu-près de la même grandeur , & n'ont aucune chûte distinguée par où les parties riches puissent être séparées des pauvres. J'ai fait connoître tous ces défauts , & pour mieux les faire voir, je fis prendre du minérai pilé & déposé dans tous les fossés, & je fis voir, au moyen du lavage, que les parties des derniers fossés contenoient autant d'or que celles des premiers. Je fis voir encore plus, que le sable d'un ruisfeau, dans lequel paſſent les eaux des derniers foſſés, contenoit la même quantité d'or, laquelle eſt perdue entièrement pour l'exploitation ; mais les Mineurs d'ici ſont plus gouvernés par l'habitude & la routine, que par de bons principes.

A quatre lieues de Zalathna au levant, eſt Abrud-Banya, lieu où étoit autrefois le Conſeil ſuprême des mines. Toutes les montagnes qu'il y a d'ici à ce lieu-là ſont compoſées d'un *ſaxum metalliferum* ou granit, recouvert par un chyte rougeâtre en quelques endroits, & gris en d'autres.

Ne vous effrayez pas, je vous prie, des noms barbares des lieux à mines que je vais nommer, qui ſont les plus remarquables de ce pays ; ce ſont Igria, Extale, Boylor, Korna, Orla, Kirnizel & Kirnick. Vous ne vous imagineriez que difficilement la manière dont toutes ces mines ſont exploitées.

La montagne Kirnick est percée de plusieurs centaines de galeries, qui n'ont que quelques toises de longueur. Cependant cette manière, toute irrégulière qu'elle paroît, est selon la nature de ces mines, qui consistent en petites veines répandues çà & là dans la roche, qui se détournent de leur direction, de leur penchant, & se coupent ensuite entièrement. Par exemple, une veine se présente d'abord perpendiculairement ; on la suit dans cette direction, pendant six ou sept toises, alors elle change, elle devient presque en *platures*, & présente beaucoup plus de richesse qu'auparavant, c'est-à-dire, de l'or vierge. Mais elle ne se soutient rarement dans ce second état au-delà de deux ou trois toises ; souvent elle reprend son premier état où elle se coupe ; & le Mineur qui a appris par expérience qu'il n'y a plus rien à espérer de cette veine, l'abandonne, & va se mettre sur une autre, où il cherche fur les anciennes galeries, jufqu'à ce qu'il découvre des parties de mines de boccard; telle eft la caufe qui rend cette exploitation fi irrégulière.

On a trouvé à quelque diftance de là, une pierre fur laquelle étoient gravées quelques figures d'inftrumens qui fervent dans l'exploitation des mines, avec une infcription romaine, ce qui fait voir clairement que les Romains fe font fervi des mêmes inftrumens que nous, & qu'ils ont exploité ces mêmes mines.

On trouve quelquefois ici les morceaux de mines les plus beaux & lés plus riches; c'eft ce qui foutient le zèle & maintient les recherches des Mineurs : à la vérité ils font pauvres & fe contentent de peu. La plupart des habitans de ce pays n'ont pas d'autre moyen de fubfiftance, que celui que leur procure cette exploitation. Pendant que le père travaille fur la veine qu'il s'eft choifie, le fils conduit la mine qui en provient au boc-card, où la femme les emploie. Après une grande pluie, les enfans ramaffent les fables qui ont été entraînés, ils les portent à la laverie, d'où l'on en fépare toujours quelque peu d'or.

Pour exploiter avec plus de facilité les mines qui fe trouvent dans la montagne Kernick, on y a fait une galerie de décharge aux frais de l'Impératrice-Reine. Cette galerie eft de trois cens toifes d'étendue; pendant qu'on la faifoit, on ne rencontra que deux veines fort mauvaifes, qui amenoient les eaux du jour, & qu'on laiffa par conféquent fuivre par ces pauvres mineurs à leur volonté.

La vallée dans laquelle font placés les moulins à mines, fe nomme Voeroes-Patatz. Je ne vous mentirois pas quand je vous affurerois qu'il y en exifte plus de trois cens, qui, lorfqu'ils vont tous à la fois,

font un fi grand bruit, qu'on l'entend à une lieue de là. Tous ces
boccards font conftruits comme
ceux de ces miférables payfans
qu'on nomme Zigeuners ; ils font
fans toît, & leurs laveries n'ont
qu'un feul canal. Les pilons font
armés d'une forte de pierre cornée
grife, qu'on va chercher à Kœroes-
Banya, & que M. Friedwalsky prend
pour une calcédoine. Je ne puis me
perfuader que dans ce travail il n'y
ait pas de perte , quoiqu'on m'ait
affuré ici du contraire ; car on voit
que les payfans d'un village nommé
Kerpen , qui n'eft pas loin de cette
vallée , vivent au moyen de ce qu'ils
peuvent retirer des fables qu'entraîne le ruiffeau qui paffe fur
ces boccards. A cet effet ils font
des foffés , où ils font affembler
ces eaux qui y dépofent ces fables ;
& lorfque ces foffés font pleins , ils
les vuident, & lavent les fables fur
les tables.

Il y a encore dans ce pays d'autres mines d'or ; elles font près des lieux nommés Bucfum , Abrud-Zelles, & dans les montagnes Volcoi. La plupart de ces mines confiftent en filons quartzeux , dans lefquels il fe trouve quelque peu de mine pyriteufe aurifère, que les anciens abandonnèrent, faute d'y trouver de quoi les récompenfer de leurs travaux. Les Vallacques en tirent aujourd'hui de la mine à boccard. Près de Zalathna même, il fe trouve plufieurs autres mines, dont la plupart ont été délaiffées. Celles qui font encore en exploitation aujourd'hui , fourniffent une forte de mine de plomb qui contient de l'or (1) ; il s'y trouve auffi de l'or ; mais ces mines ne font

______

(1) Voilà une forte de mine particulière qui n'eft pas connue , & qui méritoit par conféquent un détail plus circonftancié. L'or y eft-il véritablement combiné , & fait-il un tout homogène avec le plomb ? Mais peut-être cette mine ne fournit de l'or que parce qu'elle fe trouve mêlée avec des parties de pyrite aurifère.

pas d'un grand produit. A l'égard des deux mines de Mercure, qui font auffi près de Zalathna, je ne les pafferai pas non-plus fous filence, l'une en eft à une lieue au nord. Le cinabre qu'elle fournit eft celui qu'on nomme *cinabaris folida*, *textura fquammofa*, *fquamis minimis*; il fe trouve dans du quartz ou dans du fpath, entre de l'ardoife & une pierre fableufe. Ces filons qui courent du nord au fud s'étranglent fouvent ou fe coupent. La feconde eft placée dans la montagne Babojer, au midi de Zalathna. Le cinabre qu'elle fournit eft le *cinabaris textura granulata*. Il fe trouve dans une gangue calcaire grife. On prétend que dans ces deux lieux les anciens ont recueilli beaucoup de mines.

Maintenant les Vallacques bornent leurs travaux prefqu'à chercher les parties de mines délaiffées dans les *halles* anciennes.

Les mines de mercure font portées à Zalathna dans un attelier, où l'on en fépare le mercure, au moyen de retortes de terre que l'on emplit à moitié de leur capacité avec la mine mêlée avec une partie de chaux éteinte. On range ces cornues fur un fourneau long, de telle manière qu'on y en met deux rangs l'un fur l'autre. Le premier eft de treize cornues, & le fecond eft de douze. Après qu'on a joint à ces cornues des balons pleins d'eau, on lutte les jointures, & on donne d'abord le feu très-lentement, enfuite on l'augmente peu-à-peu jufqu'à rougir à blanc ces cornues; alors on les laiffe fe refroidir : on retire tous les ans à-peu-près foixante quintaux de mercure. On m'a dit qu'on avoit établi depuis peu au village de Kisfallus, près de Carlsbourg, un attelier où l'on fabrique le fublimé corrofif avec ce mercure.

La fonderie royale de Zalathna confifte en trois hauts fourneaux trois fourneaux à manche, & en un fourneau de coupellage. Dans cette fonderie, on fond toutes les mines aurifères, tant celles qui viennent de Nagyag, de Fulbajer, que celles qui viennent des autres lieux. L'argent aurifère qu'on en retire est envoyé à Carlsbourg, où il est départi dans la monnoie.

LETTRE XIII.

Mine d'argent vitreuse se trouvant avec de la mine d'or ; roche cornée d'une dureté extrême. Le saxum metalliferum n'est autre chose que le granit des François ; Chyte marneux ; or vierge dans du spath ; mine de fer en amas.

LE premier lieu à mine qui se présenta à moi lors de mon retour, est Csertes, lieu d'une mine riche d'argent, que feu mon père a fait exploiter ; mais la situation de cette mine, qui à peine permettoit d'y pousser une galerie pour en extraire les eaux, & le manque d'une chûte d'eau pour y établir une machine à pompes, ensemble la dureté de la roche, nous rendirent cette exploitation si pénible, que nous fûmes enfin obligés de l'abandonner après la mort de mon pere. Les montagnes, jufqu'à Cfertes, font de notre *faxum metalliferum*, recouvertes avec du chyte gris folide. Cependant la montagne Bogajer eft compofée de roche cornée. C'eft dans cette roche que fe trouvent des veines qui donnent de la mine d'argent vitreufe en même tems que de la mine d'or. Cette roche eft fi dure, que ce n'eft qu'avec peine qu'on en abat une certaine quantité avec la poudre. M. Friedwalsky dit au fujet de cette mine, dans fa Minéralogie, qu'il faudroit y pofer des feux, afin d'en attendrir la roche. Maintenant une autre Compagnie a entrepris de traverfer cette mine par une galerie de décharge, prife de fort loin. Mais cette galerie approfondira fi peu cette mine, que l'avantage qu'elle pourra en retirer ne fera pas capable de compenfer les dépenfes qu'elle occafionnera. Dans les parties adjacentes à cette

montagne, on exploite quelques
veines aurifères, dont quelques-
unes fourniſſent depuis très-long-
tems beaucoup de richeſſes; mais
ces veines ne ſont pas dans la pierre
cornée ou *petroſilex*, comme celles
dont nous avons parlé précédemment, mais dans le *ſaxo metalli-
fero*. Non loin de Cſertes, il y a une
fonderie où l'on fond les mines
qui ſe trouvent dans les environs;
mais le manque d'eau eſt cauſe
ſouvent que cette fonderie ne va
pas. A l'heure que je vous parle,
il y a pluſieurs centaines de quintaux de mine de cuivre d'avaer
aſſemblé, qu'on ſe propoſe de fondre dès qu'on aura de l'eau ſuffiſamment. On la triera de nouveau
auparavant, car on a trouvé qu'il
y avoit, parmi les mines qu'on y
livroit, un bon tiers de gangue. Il
y a près de Cſertes, une autre
montagne nommée Fourager, où
l'on exploitoit autrefois pluſieurs
mines, mais maintenant la plupart

font abandonnées. Plufieurs habitans de ce pays m'affurèrent qu'on
y avoit trouvé plufieurs morceaux
d'or vierge qui étoient épais & maf-
fifs, comme eft quelquefois la mine
d'argent vitreufe. De ce dernier
endroit je fus à Topliza. Les montagnes font ici de la même nature
de roche que celle que je vous ai
nommée jufqu'ici *faxum metalliferum*; c'eft-à-dire, un compofé
d'argille folide grife, de mica, de
choerl & de quartz (1). Les filons
à mines qui fe montrent ici, fe dirigent du nord au fud. Leur gangue eft prefqu'entièrement quartzeufe. Il s'y trouve un peu de mine
d'or. Quelques-uns même de ces
filons en ont montré dès le jour,
ou après en avoir enlevé le terreau. On trouve auffi dans ces mê-

---

(1) Ce paffage nous fait voir clairement que
ce que M. de Born nomme *faxum metalliferum*,
eft un vrai granit, dans lequel quelquefois il fe
trouve effectivement du choerl.

mes filons de la mine d'argent
rouge, ainfi que de l'or vierge.
Dans une autre montagne nommée
Fifcher, on a trouvé auffi de l'or
vierge. Plufieurs de ces mines font
abandonnées à des particuliers, ou
elles font exploitées par les propriétaires du fonds, avec la redevance
d'un cinquième ou d'un fixième,
felon que leur produit eft plus ou
moins grand. Dans les filons même
des environs de Topliza, il fe trouve
auffi de l'or. Non loin de Fuefes,
il fe trouve du chyte marneux pofé
fur la roche, au lieu de chyte
pierreux ordinaire ; cette forte de
chyte fe fleurit à l'air libre, & tombe
en pouffière. On s'en fert là, fort mal
à propos, comme d'une argille ordinaire pour boucher les iffues d'un
étang ; mais comme l'eau délaie
fort aifément cette matière, elle
s'en va en pure perte. On s'eft apperçu enfin de cette erreur, & on
y a remédié. D'où l'on voit l'utilité qu'il y a dans toutes fortes de

circonstances, de connoître parfaitement la nature & qualité des matières qu'on emploie, afin de savoir si elles y sont appropriées ou non à l'objet pour lequel on veut les employer. On a trouvé près de ce lieu de l'or vierge dans du spath gypseux (1). Au côté opposé de cette montagne, au lieu nommé Trsztyan, il se trouve une autre mine qui, à cause des beaux morceaux d'or vierge qu'on y trouve journellement, est devenue très-célèbre. Comme c'est un préjugé reçu en Transilvanie, de croire que l'or vierge ne se trouve qu'au dessous de la croûte du terreau en ligne horisontale, je voulois profiter de l'occasion que me présentoit cette mine, pour voir combien peu cette opinion est fondée, car

---

(1) Nous avons déjà dit ce qu'il faut croire de ce spath gypseux; c'est pourquoi nous n'en dirons plus rien toutes les fois qu'il en sera question.

cette mine étant exploitée depuis
très-long-tems, il est impossible
que toute la quantité d'or vierge
qu'elle a fournie jusqu'ici, ait été
prise vers la surface du terreau.
Mais le propriétaire, M. le Comte
de Stephan de Gyullui, ne permet
que difficilement, on ne sait pourquoi, aux Mineurs qui sont au service de l'Empereur, d'y descendre.
Cependant l'exploitation de cette
mine est si mal dirigée, qu'il n'y a
nulle sûreté de la visiter ; il faut être
Vallacque pour oser s'y hazarder :
ainsi je fus obligé de me borner à
voir au jour la nature & la qualité
de la roche de cette mine, ainsi
que ses autres productions. Il y a
lieu de croire que cette mine seroit
d'un plus grand rapport entre les
mains de gens plus intelligens.
D'ailleurs, le peu d'ordre qui règne
dans cette exploitation, est cause
que les Mineurs détournent facilement de très-beaux morceaux à
leur profit. J'ai vu vendre publi-

quement fur la place à Déva, de très-beaux morceaux provenans de cette mine. Ces exemples ont donné occafion à une Ordonnance de la part du Confeil des Mines, pour arrêter ces fripponneries ; pour cela il a été défendu de recevoir à la fonderie royale la quantité de mine détournée, ou des petites parties de minéral ; par là on avoit intention de rendre inutile ces vols ; car ces morceaux de mine n'ont de valeur réelle entre les mains des particuliers, qu'autant qu'on les leur échange pour de l'argent monnoyé. Cependant il fe fait encore beaucoup de fraudes à cet égard ; & la raifon en eft qu'il fe trouve des marchands affez riches pour acheter des Mineurs, les morceaux qu'ils leur portent, & de les affembler jufqu'à ce qu'ils en aient une affez grande quantité pour en faire une livraifon ordinaire à la fonderie royale. Ces Marchands fe nomment Cofaren ; ils roulent dans le pays pour

rasſembler des morceaux de part
& d'autre; mais il faut convenir
que ce trafic eſt très-utile & même
très-important aux pauvres particuliers qui exploitent des mines pour leur compte. Car beaucoup de ces malheureux ne reti-
reroient jamais leurs frais, s'ils
entreprenoient eux-mêmes de voi-
turer à la fonderie royale leur mine.
D'un autre côté, ils n'auroient pas
de quoi vivre en attendant qu'ils
fuſſent en état de faire cette livraiſon. Il y a plus, l'aſſurance qu'ont
ces pauvres entrepreneurs de trouver à vendre argent comptant leur
minéral, quelque petite quantité
qu'ils en aient, les rend laborieux,
leur donne de l'activité & de l'in-
duſtrie; de ſorte que les fonderies
royales reçoivent plus de minéral,
tandis que les Compagnies ſont plus
volées.

Après avoir viſité ici ce qu'il y
a de remarquable en hiſtoire naturelle, je fus à Boicza. Les monta-

gnes de ce pays font fuite avec celles qui forment une chaîne, au travers de laquelle paſſe la rivière Moros. Toutes ces montagnes, juſqu'à Deva, conſiſtent en granit recouvert avec de la pierre à chaux, de l'ardoiſe & du ſable. Il y a pluſieurs de ces montagnes près de Boicza, dans leſquelles il ne ſe trouve aucun filon, mais au lieu de cela des morceaux de roches iſolés & étrangers, ils ſont unis enſemble au moyen d'une argille ; de cette manière, ils forment une ſorte de poudingue ou *breccia*. Les mines royales exiſtent ici dans une variété de cette roche graniteuſe. Cette variété conſiſte en ce qu'il s'y trouve diſperſé de grandes parties de ſpath (1). Il y a une galerie nommée de Sainte Anne, qui eſt pouſſée entièrement

---

(1) M. de Born ne dit pas de quelle eſpèce eſt ce ſpath ; vraiſemblablement c'eſt du ſpath calcaire, on a lieu de le croire, puiſqu'il eſt queſtion ici de pierre à chaux.

dans la pierre calcaire, laquelle eſt
fiſe ſur du granit; mais il y a une
autre galerie qui va au-delà de
cette ſorte de pierre, & qui atteint
la roche argilleuſe & la pierre de
ſable. Ces filons fourniſſent une
ſorte de mine de plomb galêne,
tenant argent & or (1), & qui eſt
mêlée ſouvent avec de la blende.
J'en ai quelques morceaux ſur leſ-
quels il y a de l'or vierge, qui eſt
appliqué tant ſur la blende que ſur
la galêne même. A douze toiſes en
avançant dans la ſeconde galerie,
j'ai rencontré une veine perpendiculaire, remplie d'argille, où j'ai
vu des morceaux de ſpath calcaire
iſolés, de la forme d'un œuf, qui
ſont pénétrés de raies d'un blanc-

______

(1) L'or que fournit cette mine eſt-il réellement combiné avec le plomb, & en fait-il uné
des parties conſtituantes ? C'eſt ce qu'il étoit
très-néceſſaire de dire ; une telle mine eſt encore un phénomène en Minéralogie. M. de Born
n'entre pas dans d'aſſez grands détails ſur cet objet important.

mate

mat de lait, comme l'onix à-peu-près.

La pierre calcaire eſt ici l'épou-ventail des Mineurs, car ils s'ima-ginent qu'elle coupe le filon ; ce-pendant cette roche n'a aucune part à ce malheur, puiſque ſuivant ma théorie, le filon exiſtoit avant que la roche calcaire vînt ſe placer ſur la montagne (1).

Ces mines blendées tiennent au quintal trois lots d'argent, ce qui eſt bien peu, mais le marc de cet argent donne ſeize deniers d'or ou un lot. On pile ici les mines pau-vres au moyen d'un boccard conſ-

––––––––––––––––––

(1) Cette idée me paroît empruntée de M. Dé-lius, comme l'Auteur l'a fait voir ci-devant ; elle a paru erronée à pluſieurs ſavans Minéralogiſtes, qui avoient des preuves du contraire. A Sainte-Marie-aux-Mines, par exemple, on voit toute une portion de montagne compoſée de roche calcaire, où un filon paſſe entièrement, & y eſt auſſi bien marqué que dans d'autres eſpèces de roche. Il y a plus, la roche calcaire en cet endroit paroît être auſſi ancienne que le granit.

K

truit à la manière de Schemniz. Un quintal de la gangue donne communément huit livres de mine lavée : voici le catalogue des espè- ces & morceaux de mine que j'ai assemblés des exploitations de la Transilvanie.

1°. Une pyrite aurifère dans une argille bleuâtre de Herzigan près de Boicza.

2°. Pyrite aurifère dans une pierre cornée noire, dans laquelle il se trouve de l'or vierge de Genel, non loin de Boicza.

3°. Un morceau de mine de plomb galène, sur laquelle il se trouve de l'argent vierge en cheveux.

4°. Plusieurs morceaux de quartz dans lesquel il y a de l'or.

5°. Spath calcaire avec de l'or vierge de Staniza.

6°. Un morceau de mine d'antimoine aiguillée, formant une étoile, au milieu duquel il se trouve de l'or vierge.

7º. De l'or vierge dans la mine de cobalt noire. Je fus curieux d'essayer cette mine, & je trouvai qu'elle rendoit elle-même de l'or.

8º. Pyrite aurifère dans un chyte dur.

9º. Pyrite aurifère dans du quartz.

10º. Un morceau de blende aurifère.

11º. Mine de plomb galène, qui contient de l'or dans une argille blanche.

12º. Mine d'argent rouge aurifère dans du quartz blanc.

13º. Mine de plomb galène dans du quartz d'Offen, non loin de Zalathna.

Pour ce qui eſt des autres mines aurifères qu'on exploite en Tranſilvanie, je n'ai pu les voir ni en obtenir des échantillons ; cependant pour vous en donner une idée, je tirerai ce qui les concerne, de l'ouvrage de Friedwalsky, intitulé, *Mineralogia Tranſilvaniæ.* Il dit : il y a une mine à Nagy-Almacs au nord de Zalathna, où l'on doit avoir trouvé de l'or dans de la mine d'antimoine. A Poyanna, ou dans ſes environs, on a exploité des mines dans leſquelles on a trouvé de l'or dans un quartz gris. Le filon qui préſentoit cette ſorte de mine, ſe dirigeoit d'abord de l'oueſt à l'eſt ; mais il ſe changea comme la plupart des filons en Tranſilvanie.

A Kiros-Banya, dans le diſtrict de Veiſſenburg, on a trouvé des veines étroites, dont la gangue étoit parſemée d'or. Ces veines marchoient à côté d'un filon qui avoit deux toiſes d'épaiſſeur.

A l'égard des laveries & de la manière dont on y lave les mines d'or, peut-être qu'en chemin faiſant, ſi je vais dans la Haute-Hongrie par le travers de la Tranſilvanie, je pourrois vous en entretenir ; mais pour à-préſent, il faut retourner avec moi à Nagyag, pour conſidérer au midi, en allant au-delà du Moros, des mines de plomb & de fer. Le lieu le plus remarquable de ces mines eſt à trois lieues de Vaida-Hunyad, au village nommé Gyaller, où l'on a fait de très-bon fer. La mine de fer ici, ainſi que dans toutes celles qui ſe trouvent en Hongrie, ne ſe trouve pas en filons, mais en maſſes de ſix juſqu'à huit toiſes d'épaiſſeur. Quelques-uns de ces amas ſemblent avoir quelque régularité, & ſe diriger du nord au midi ; mais cela ne ſe ſoutient pas. Ces mines ne vont pas à une profondeur conſidérable. La roche qui les entoure eſt un chyte gris endurci. Ce minéral de fer conſiſte en une ochre rouge ſolidifiée, dans lequel on voit des petits cryſtaux de fer en forme d'aiguille ou barbe de plume, comme on en voit dans les mines de Platen en Bohême. Les Mineurs d'ici appellent ces cryſtaux, fleurs de fer. M. Friedwalsky les prend pour de l'antimoine, à caufe de cette forme.

Toutes ces mines font fondues dans une efpèce de haut fourneau, & le fer de gueufe qu'on en coule eft réduit en barres dans les forges qui font fituées à Elferna. Les Vallacques, ainfi que les Zigeuners, s'occupent ici prefque tous à fàbriquer différens uftenfiles de fer. A cet effet ils ont de petits fourneaux où ils entretiennent le feu avec des foufflets à main. On peut juger de l'ancienneté de ces forges par une infcription romaine, qui fe voit fur une pierre en forme de chapiteau, trouvée près d'Oftron. Il y a deffus : *Collegii Fibrorum.* Peut-être eft-ce de-là qu'eft venue la dénomination de *portæ ferræ*, qu'on donne encore aujourd'hui au paffage étroit de la Tranfilvanie, au diftrict qui appartient aujourd'hui aux Turcs. Cette conjecture eft de M. Friedwalsky, qui a chargé fa

Minéralogie d'inscriptions trouvées
sur des pierres.

Près de la rivière Moros , au
village Kismunes, il se trouve quelques filons de plomb qui ont été
entamés par des particuliers ; &
non loin de-là on voit des roches
toutes remplies de coquillages pétrifiés , parmi lesquels on distingue
beaucoup de turbinites ; j'en ai rassemblé de toutes les espèces. Ce
qu'il y a de singulier , est que
ces roches coquillières sont jointes
aux hautes montagnes graniteuses
qui sont séparées de la Transilvanie
par le Danube, de manière qu'elles
en sont comme le pied.

Il ne me reste plus maintenant
qu'à vous faire remarquer que tout
près de l'embouchure du puits nommé de Saint-Joseph à Nagyag , il se
trouve une colline haute à peu-près
de quatorze toises , qui est toute
composée de roche graniteuse , d'un
pied de largeur , posées de champ ,

de forte qu'on feroit porté à croire qu'elles ont été taillées & arrangées par les mains des hommes.

Cependant à bien des égards on voit que cela eft impoffible. On ne voit rien d'étranger parmi les pierres : quelle en peut être la caufe ? Cette fingularité feroit-elle due à un tremblement de terre ? & il n'y a pas lieu de croire que ces roches foient dues à un volcan, quand on voit leur état & leur nature, qui font les mêmes précifément que les autres efpèces de roches de Nagyag ; & d'ailleurs je ne vois pas qu'elles aient la moindre reffemblance avec celles de volcan.

LETTRE XIV.

*Terrein aurifère près d'Olapian ;
lavage de l'or en Transilvanie.*

Accablés de fatigues, de chaleur, de faim & de soif, nous sommes enfin arrivés à un village Vallacque, où nous n'avons rien trouvé, excepté de l'herbe pour nos chevaux. Notre hôte, un batelier, nous a conduit sous une espèce de hangard pour nous mettre à l'abri du soleil. Là, nous avons fait un mince repas avec le peu de provisions que nous avions apportées de Nagyag. Nous avons eu pour compagnon un chien & un jeune homme très-gai, qui nous a amusé par ses facéties. A l'égard du vin, il étoit si détestable, que j'ai mieux aimé me réduire à l'eau que d'en boire. Si j'avois été Poëte,

K 5

peut-être aurois-je trouvé ici matière à m'exercer, mais puisque la nature m'a refusé ce *don*, ainsi qu'à tant d'autres, qui ne laissent pourtant pas d'écrire, le meilleur pour moi est de revenir à mes observations minéralogiques, dans ma langue ordinaire; dans cette idée, le tonneau qui nous servoit de table a été changé en table à écrire : voici donc le journal de mon voyage.

C'est le 23 Juin 1770 que j'ai quitté Nagyag. Dès que nous eûmes laissé derrière nous les montagnes recouvertes par la pierre chyteuse, nous eûmes un pays plat pendant deux heures, sur lequel s'élèvent de tems en tems des buttes ou petites montagnes d'ardoise; & dès que nous parvînmes au Moros, qui couloit à notre droite, nous trouvâmes une montagne composée de cailloux roulés & liés ensemble au moyen d'une argille, de la même manière que ceux que nous avions observés à Boicza. Quand

je dis que ces cailloux font liés enfemble par de l'argille , je crois
avoir été confirmé dans cette opinion par l'obfervation que j'ai eu
occafion de faire enfuite fur une
autre partie de montagne , qui eft
baignée par les eaux du Moros,
où l'on voit que les cailloux font
faciles à détacher , parce que leur
liant argilleux n'a pu prendre de
la confiftance. J'ai de plus obfervé
fur le chemin des fragmens de tuiles liés avec des pierres & du fable
de la même manière. (1) C'eft
d'après ces obfervations que j'ai été

---

(1) Ces fortes d'aglomérations ne font rien
moins qu'extraordinaires. La France en fournit
des exemples fans nombre. On voit dans différentes parties des Vofges, des montagnes adjacentes aux hautes montagnes formées de cailloux roulés ou galets , liés enfemble avec un
fable rougeâtre ; mais on n'y obferve nullement
de l'argille. On voit dans tous les environs de
Flontainebleau , parmi les gros blocs gris , des
maffes formées par des fragmens de filex ferrugineux & brun , qui font liés également avec
du fable.

porté à croire que cet assemblage est dû à la rivière Moros, qui amenoit avec elle des cailloux de la même espèce. Peut - être même qu'on pourroit attribuer à la même cause les montagnes formées de la même manière, qui sont au nord de cette rivière. La rivière ne pourroit-elle pas avoir été détournée de son cours par cet assemblage, & obligée de s'en écarter insensiblement, & d'autant plus que rien ne lui oppose de la résistance du côté opposé.

C'est dans ce lieu, c'est-à-dire, de l'autre côté de la rivière, qu'est cette fameuse plaine qui a plus de mille toises de circonférence, & qui consiste en un mélange de sable & de fragmens de roche. Dès qu'on a enlevé la croûte du terreau, on parvient à cette couche sableuse qui fournit de l'or ; elle a deux toises à-peu-près d'épaisseur. Sous cette couche il s'en trouve une chyteuse, solide, qui ne contient nullement de l'or. L'or, comme nous l'avons déjà dit ailleurs, n'a pas été produit en cet endroit; il faut qu'il vienne d'ailleurs, il faut qu'il y ait été dépofé par les eaux, ainfi que le fable. Cette opinion peut être fortifiée, en ce qu'on retrouve de l'or en certains endroits d'où l'on avoit enlevé précédemment tout ce qu'il y avoit d'aurifère.

Vers le foir de la même journée, j'arrivai à Carlsbourg, ville de guerre très-bien fortifiée; c'eft ici où j'ai pris naiffance, & où j'ai été élevé jufqu'à l'âge de huit années. Cette ville eft fituée très-agréablement dans une plaine, entourée de collines calcaires & chyteufes. Là, je rencontrai un Gentilhomme Hongrois, qui venoit précifément des lieux où j'allois; il connoiffoit parfaitement le pays, fur-tout les laveries d'or de la Tranfilvanie. Je profitai avec d'autant plus de plaifir de tout ce qu'il me dit, que je ne prévoyois pas pouvoir les voir par moi-même : voici à quoi cela se réduit. Tous les ruisseaux & les rivières qui prennent naissance dans la Transilvanie, charient de l'or. Mais parmi les ruisseaux & les rivières, celui qui en charie le plus, est l'Aranyoes, qui est confondu souvent par les Géographes du pays, avec le Tagus & le Pœtolus. Les laveurs d'or, indépendamment des Vallacques, sont la plupart Zigeuners. On ne doit pas cependant confondre ces paysans avec ceux du même nom, qui habitent la Hongrie. Ces derniers, comme nous l'avons vu, sont pauvres & misérables, sans industrie, tandis que ceux de la Transilvanie savent très-bien s'occuper & se tirer de la misere. Une partie est au service des propriétaires des terres, ils entretiennent leurs auberges; une autre partie fait le métier de Forgeron & de Taillandier; & une autre partie s'occupe du la-

vage des fables aurifères : ces derniers paient leur impofition en poudre d'or; le refte leur eft payé
comptant par le Caiffier royal.
Vous connoiffez leur manière de
laver, & on peut dire qu'elle eft
auffi exacte qu'il eft poffible qu'elle
le foit. Tout leur attirail dans cette
opération confifte en une efpèce de
table de trois pieds d'épaiffeur & de
quatre ou cinq pieds de longueur;
elles ont prefque toutes des re-
bords. Sur ces tables ils étendent un
morceau d'étoffe à laquelle les parties fines s'attachent. Ces morceaux
d'étoffe font lavés enfuite dans un
cuveau (1). Ils relavent enfuite ce

---

(1) M. de Born a tort d'approuver l'ufage
de cette étoffe. En effet, il n'eft fondé que fur
une vieille routine, & affez mauvaife, comme
le Traité du Lavage publié par le Collége des
Mines de Freyberg le fait voir. En effet, il démontre que fi l'étoffe retient les parties de mines,
elle retient avec la même facilité les parties fableufes, & que l'or n'a pas plus d'aptitude à
s'y attacher que le fable; conféquemment, que
les parties de mines & le fable s'y trouvent

qui s'en sépare dans une espèce d'augette à main, pour en obtenir l'or pur. Lorsqu'ils ont parmi leurs sables des parties grossières où il y a de l'or attaché, ils les passent par une table particulière fort penchée, qui a des rainures en bas ou rigoles où ces parties s'assemblent; alors, ils les trient & en séparent celles où est attaché l'or. Une autre manière de laver les sables en usage en Transilvanie, est de faire de grands fossés, dans lesquels on fait assembler par le moyen de l'eau, les sables aurifères, qu'on lave ensuite sur des tables, ainsi que je l'ai déjà fait remarquer en parlant de l'usage de chercher de l'or à Kerpene. C'est de la même

---

dans les mêmes proportions. Le Collége des Mines de Freyberg prouve encore que la meilleure méthode est de se servir de tables nues, & de les incliner de manière que les parties de l'or puissent avoir plus de disposition à rester en arrière que le sable. *Voyez le Traité de l'Expl. des Mines, pag.* 337.

manière que le ruisseau Empoi, qui passe par Zalathna, emporte des parties de mines de mercure d'une ancienne exploitation.

Aujourd'hui nous avons été réveillés par un grand tapage que nos hôtes faisoient en se battant impitoyablement. La cause de ce grand mécontentement étoit que nous avions résolu de quitter cette auberge sans y déjeûner. Nous prîmes notre chemin par une belle plaine très-fertile, par où nous arrivâmes à Enged. Ici se trouve une espèce d'Université pour les Protestans. Tout près de là se voient des montagnes calcaires. Cette petite ville est bâtie avec une sorte de pierre sableuse qui est remplie de coquillages pétrifiés. Cette pierre forme les hauteurs qu'il y a entre Enged & Fœldvisez.

LETTRE XV.

*Mine de sel; richesse & exploita-
tion de cette mine, & ses parti-
cularités.*

A travers un orage horrible que
j'ai enduré pendant bien du tems,
je suis arrivé à Torda, c'est-à-dire,
le 24 à minuit, bien fatigué. Derrière ce lieu, se trouve une montagne qui s'élève fort haut. Dès
qu'on a atteint son sommet, on
apperçoit de petites collines aux environs, qui vraisemblablement sont
composées de la même qualité de
pierre calcaire grise que celle qui
se voit dans les vallées. C'est de
l'autre côté de la rivière qui char-
rie de l'or, qu'est Torda. Les salines de ce nom sont placées dans
une montagne chyteuse, à une
demi-lieue de la ville. La quantité

prodigieuſe de pétrifications qu'on apperçoit depuis Enged juſqu'à Torda, & de là juſqu'à Clauſembourg, feroit croire que tous ces lieux ont été habités par la mer. On trouve dans la hauteur même où eſt cette mine, du ſel gemme en couches tranſparentes. Ces couches ont probablement pour ſol du chyte ; je dis probablement, car je n'ai pu m'en aſſurer par moi-même. Le Directeur de cette mine n'a pu me le dire. Ce qu'il y a de ſingulier, eſt qu'on voit des effloreſcences ſalines ſur le terreau qui le rendent blanc par-tout, & le couvrent d'une croûte ſaline. Ces effloreſcences ſont ou produites par une vapeur ſaline qui pénètre la croûte de la terre, ou elles ſont dues aux eaux de pluie, qui en s'inſinuant à travers le terreau, diſſolvent des parties de ſel, (& lui donnent occaſion de grimper à travers les pores de la terre, comme beaucoup de ſels le font le long des parois des vaiſſeaux).

Dès qu'on a atteint la couche du ſel au moyen d'un puits de ſix ou ſept toiſes de profondeur, on y fait une cavité conique. Dans cette cavité on place les Mineurs qui s'éloignent les uns des autres à meſure qu'ils abattent le ſel. La quantité des Mineurs augmente à meſure que l'eſpace s'aggrandit. Au premier aſpect on ſeroit porté à croire qu'il n'y a là qu'une ſeule couche ou amas de trente ou quarante toiſes ; mais en y regardant de plus près, on voit que ce ſont pluſieurs couches d'un ou deux pieds d'épaiſſeur, placées les unes ſur les autres, & diſtinguées au moyen d'une lame très-mince de terre chyteuſe Les ouvriers profitent de ces diviſions en y introduiſant des coins de bois armés de fer, au moyen deſquels ils enlèvent de grandes tables de ſel. Ils ſont d'autant plus obligés d'en agir ainſi, qu'il eſt de règle dans cette exploitation de ne payer les Mineurs que fur les morceaux qui péfent au moins 80 livres. Les morceaux qui font plus petits font jettés fur les halles comme inutiles. Pour chacun de ces morceaux, on paie un fou & demi. Ces pièces de fel font mifes fur un charriot avec de la paille, & font conduites à Carlsbourg, où elles font embarquées fur le Moros, pour être envoyées en Hongrie.

Je vifitai la mine nommée Thérèfe avec cinq ou fix autres voyageurs. Nous fûmes attachés tous enfemble dans une efpèce de fac de corde, où nous n'avions que la tête libre. Nous defcendîmes de cette manière au moyen d'un cable qui fe dévidoit par un baritel à chevaux. Nous avions pour guide un Mineur qui étoit pendu au-deffus de nous, & qui avoit foin de nous faire tenir le milieu.

Il y a dix toifes de profondeur à travers une argille folide, avant

d'arriver aux couches de fel. Au
deffous, on a fait une galerie pour
raffembler les eaux qui s'infiltrent
à travers cette terre, afin de les
détourner & de les empêcher de
diffoudre le fel. Un autre puits,
mais plus petit, placé de l'autre
côté de celui par où nous fommes
defcendus, fert à monter & à def-
cendre au moyen des échelles.

Vous difant qu'on fe plonge
dans ce fel par une ouverture conique, vous comprenez qu'il eft
impoffible que les échelles puiffent
être affujetties autrement qu'en allant en droite ligne de haut en
bas, & qu'elles font attachées par
des crampons de fer par le haut,
& mifes bout à bout l'une après
l'autre, en forte que toutes les
échelles font mobiles, & que lorfqu'on y monte ou qu'on y defcend,
on eft comme en équilibre ou fuf-
pendu en l'air pendant l'efpace de
trente ou quarante toifes. Mais
les Mineurs y font tellement ac-

coutumés, qu'ils vont & viennent aussi hardiment par ces échelles, que s'ils descendoient par un puits ordinaire.

Dès que nous atteignîmes l'embouchure de la masse du sel, nous vîmes avec plaisir les Mineurs occupés de tous les côtés à abattre le sel, munis chacun d'une lampe, ce qui fut pour nous un coup-d'œil admirable pendant l'espace de trente-huit toises dont étoit l'épaisseur de cette couche de sel. Etant enfin arrivés sur le sol, nous nous débarrassâmes de nos cordes, & sortîmes de notre sac le plus promptement possible. J'eus la satisfaction de trouver là le Directeur des travaux, M. Tardaer, qui eut l'honnêteté de me montrer & de m'expliquer tout. A cet effet, il fit allumer un fanal de paille qu'on jetta par le petit puits dans la mine; au moyen de quoi je vis clairement la figure conique de cette mine, dont les travaux se soutiennent sans

étais, au moyen du fel même. Cet
afpect étoit d'autant plus agréable,
que les lumières étoient réfléchies
de tous côtés par les furfaces brillantes du fel. J'obtins de cette terre
qui fépare les couches de fel, je
lui trouvai un goût ftiptique &
aigre. Cette terre fe laiffe pétrir
comme une argille ordinaire. Le
fol de cette mine a 70 toifes d'é-
paiffeur.

Il y a quatre autres mines de fel
à côté de celle-ci, parmi lefquelles
on diftingue celle qu'on nomme
du nom de Saint - Antoine , qui
n'eft encore que très-peu approfondie ; celle du nom Colofer, qui a
cinquante toifes d'épaiffeur , &
foixante toifes à partir de là pour
aller jufqu'au jour. Les deux autres
mines qui font deffous & deffus celles-ci ont la même épaiffeur & la
même profondeur. On y voit plufieurs puits qui ayant été abandon-
nés depuis plufieurs années , fe

font

font remplis d'eau, dont les malades se servent pour prendre des bains.

On m'a fait présent ici de plusieurs morceaux de sel transparens; dans quelques-uns il se trouve de l'eau enfermée, & dans d'autres de la mousse. On m'a donné aussi de la pierre *numismal Transilvaniæ*, qui, si je ne me trompe, a été décrite par Bruckman (1) On retire de ces lieux beaucoup de gyps & d'albâtre. Pourriez-vous nous dire d'où vient que ces pierres se trouvent dans toutes les mines de sel ? Y auroit-il lieu de croire que l'acide du sel marin se change en acide vitriolique, pour former ensuite du gyps? J'ai dans mon cabinet du gyps de deux autres mines de sel de la Haute-Autriche. Dans ces deux lieux, les pierres gypseuses se trouvent

____

(1) Peut-être que cette pierre n'est qu'une variété du gyps.

L

entre les couches de fel, ce qui ne fe trouve pas ici.

Après que j'eus vifité la mine, on me montra les tas immenfes qui proviennent des petits morceaux de fel qu'on rejette. Ce fel, comme nous l'avons dit, n'eft deftiné à aucun ufage; mais malheur cependant à qui en déroberoit quelque peu. Les raifons qu'on me dit pour fe juftifier de cette févérité, eft que telle eft la règle; que la quantité de fel en grandes maffes eft fuffifante pour tout le monde, & que la richeffe de ces mines promettoit de fournir d'ailleurs bien long-tems de ces maffes; & enfin que le fel en petits morceaux ne valoit pas la peine d'être tranfporté; & beaucoup d'autres raifons pareilles (1). Ces

____

(1) M. de Born ne dit pas, je crois, les véritables raifons de cette défenfe. Si on laiffoit emporter librement ce fel, il empêcheroit le débit de l'autre, & diminueroit par conféquent le produit de cette exploitation.

raisons, assez mauvaises, pourroient valoir quelque chose si le monde ne devoit subsister que quelques siècles encore. Mais un Gouvernement éclairé doit travailler & maintenir le bon ordre comme si le monde devoit durer toujours ; & ce bon ordre exigeroit ici de conserver cette denrée précieuse à l'humanité , le plus qu'il seroit possible. Je ne dirai rien contre la vérité quand j'affirmerai qu'il y a plus de cent mille quintaux de sel dans ces tas , & qu'il s'en dissout annuellement, soit par les neiges, soit par les pluies, plusieurs centaines de quintaux. Quoique le bon Père Friedwalesky dise dans sa Minéralogie, que les mines de sel en Transilvanie sont inépuisables , il déplore néanmoins la perte de ce sel; mais il donne un moyen aussi ridicule qu'il est possible pour en tirer parti; il propose de mêler ces tas immenses de sel avec du tartre, afin, dit-il, qu'on puisse le faire convertir en falpêtre ; quelle belle découverte ! il feroit plus raifonnable d'en tirer parti, fans contredit, en en faifant du fel ammoniac, au moyen de l'urine épaiffe ou autre matière animale & du vitriol, qu'on mêleroit enfemble, & qu'on feroit fublimer, comme on le pratique à Gravenhorfta près de Brunfwick.

Avant d'arriver à Claufenbourg, qui n'eft éloigné que de deux lieues de Torda, on eft obligé de paffer une montagne chyteufe, au fommet de laquelle on trouve, & même jufqu'à moitié de fa hauteur, beaucoup de pierres fphériques qui ont de trois jufqu'à cinq pieds d'épaiffeur. Ces pierres font fableufes & de la nature des grais, leur dedans eft garni de pierre calcaire avec des pétrifications. Souvent on voit deux de ces pierres attachées enfemble. Cette adhérence date vraifemblablement du tems où cette matière étoit en-

core molle. Cette montagne eſt
iſolée, & n'eſt dominée par aucune
autre qui puiſſe faire croire qu'elle
lui a fourni ces pierres, par conſéquent il eſt comme hors de doute
que ces pierres (ou la matière qui
les forme) a été charriée ſur cette
montagne par les eaux de la mer,
au tems où ce lieu a été couvert
par ſes eaux (1). Au bas de cette
montagne eſt une belle vallée,
dans laquelle eſt ſituée Clauſenbourg, une des villes les plus riches & des plus peuplées. Les inſ-
criptions romaines que le Père
Friedwalsky rapporte dans ſon livre, prouvent qu'il y avoit autrefois une colonie romaine dans ce
pays, & que cette ville en étoit la
capitale. Cette ville, ainſi que les
murs qui la ferment, eſt bâtie avec
une ſorte de pierre calcaire mêlée
avec du ſable & des pétrifications.

---

(1) Ce problême eſt auſſi difficile à démon-
trer, que pluſieurs autres de la Minéralogie.

En général on peut dire que ce lieu eſt un des plus riches en pé-trifications, quoique je n'y en aie vu aucune de fort remarquable.

Le deſir enfin de voir un Minéralogiſte & de m'entretenir avec lui, me porta à aller rendre viſite au Père Friedwalsky, qui habite la maiſon des Jéſuites de cette ville. Sa chambre eſt remplie, ſans ordre, de toutes ſortes de pierres, de minéraux & de pétrifications. Ce Père ſemble porter l'empreinte ſur ſon front de tout le ſavoir de ſes compatriotes. C'eſt effectivement un homme très-laborieux; mais il a des idées ſi erronées ſur la Minéralogie, qu'il lui eſt impoſſible de démêler le vrai d'avec le faux. Cependant il faut convenir que c'eſt plus par le manque de bonnes inſtructions élémentaires, & faute d'avoir reçu de bons principes, ou de n'avoir pas lu de bons livres, que par défaut d'application. Au contraire, on peut regarder en lui comme l'effet d'une forte paſſion de s'inſtruire, de s'être appliqué de lui-même à l'hiſtoire naturelle ; goût qui s'é-tant perpétué chez lui, l'a porté à faire un ouvrage général ſur la Minéralogie de ſon pays. Il ne ſongeoit pas à la vérité combien ſon entrepriſe exigeoit de connoiſ-ſances ; il croyoit aſſez faire quand il donnoit le nom des mines, la profondeur de ſes puits , & quel-ques deſcriptions ſouvent fauſſes. Ce ſeroit vainement qu'on cher-cheroit dans cet ouvrage la déno-mination des minéraux , & les va-riétés qu'il s'en trouve en Tranſil-vanie. Cependant les bons Tran-ſilvains le regardent comme un homme unique , & en font de grands éloges. Pluſieurs perſonnes même de conſidération le conſul-tent comme un oracle dans leurs entrepriſes ſur le fait des mines. Il y a lieu de croire que ce qu'il projette de faire encore ſur la Minéralogie, fera de la même trempe. On peut mettre au rang des idées erronées, celles qu'il a de fabriquer des tuiles avec de l'af-beft qui fe trouve abondamment en Tranfilvanie, de faire du papier avec des plantes, & du borax avec les ftalactites calcaires. C'eft avec de pareils projets qu'il entretient la Nobleffe de ce pays, en leur pro-mettant des profits confidérables.

Vous vous rappellez fans doute à cette occafion que nous déplorions enfemble le peu de progrès que faifoit l'hiftoire naturelle dans notre pays, & nous obfervâmes que tant que les Grands ne s'en mêleroient pas eux-mêmes, & n'acquéreroient pas des connoiffances fuffifantes fur les objets qui la concernent, elle languiroit conftamment. En effet, s'il y avoit eu un feul homme tant foit peu inftruit en Tranfilvanie, il fe feroit apperçu aifément que le Père Friedwalsky n'étoit rien moins que capable de faire des découvertes, & qu'ainsi l'argent qu'on hasardoit d'après ses projets, étoit très-mal employé. Quoiqu'il en soit, je le priai de me montrer l'espèce de pierre avec laquelle il prétendoit faire du borax. Il eut cette complaisance, mais je vis que c'étoit effectivement une stalactite calcaire. Il contenta aussi ma curiosité sur un certain crystal tenant de l'or, dont il est parlé dans son ouvrage, page 177. Il l'envoya chercher, car il ne possédoit pas cette rareté; mais quelle fut ma surprise, de voir que ce n'étoit autre chose qu'un crystal de verre dans lequel étoit imprégnée une espèce de guirlande en or, semblable à-peu-près à ces morceaux qu'on achete journellement pour quelques sous à Tourneau en Bohême. D'après cela je vis ce que je devois croire des grains d'or qu'il dit si affirmativement

avoir trouvé lui-même dans des
raiſins, ainſi que ſon or en li-
queur ; & de tant d'autres contes
à dormir debout, dont ce bon
Pere a rempli ſon livre.

LETTRE XVI.

Etat ancien & nouveau des mines du diſtrict de Nagy-Banya ; leur produit & richeſſe ; hiſtoire de leur exploitation.

LE chemin que je viens de parcourir en partant de Clauſenbourg pour aller à Nagy-Banya, eſt parſemé, ainſi que toutes les hauteurs qui l'accompagnent, de pierres calcaires jaunâtres, rempli de fragmens de coquilles. Par-ci, par-là, je voyois la roche chyteuſe & micacée ſur laquelle eſt poſée cette pierre. Nagy-Banya eſt placé dans une vallée entourée de montagnes, au diſtrict de Szatamar. C'eſt une ville royale libre de mines ; elle étoit autrefois le lieu d'où ſortoit le produit le plus conſidérable des mines de la Hongrie ; c'eſt du ruiſſeau qui paſſe par-là, & qui va ſe jetter entre les montagnes carpatiennes que cette ville a pris ſon nom. Par les lettres-patentes que Louis I accorda à cette ville, on voit que les mines de ce canton étoient en très-grande vigueur dès l'année 1347. Le Roi Matthias, en 1468, afferma les mines & la monnoye pour 13000 florins d'or. Les tas énormes de ſcories, les traces d'anciens canaux, le nom même de ce lieu, tout atteſte l'ancienneté de cette exploitation. Par-là on peut auſſi juger que les anciens entendoient parfaitement l'art d'exploiter les mines, ainſi que de les fondre.

Le quintal de ces mines épurées ou ſéparées de la roche, contenoit, dit-on, 79 à 112 lots d'argent aurifère. Les parties les plus pauvres des mines, faute de connoître notre boccard actuel, étoient écraſées ſous une meule de moulin,

& après cela fondues. Le quintal des anciennes fcories ne contient pas au-delà de deux gros de fin. En l'année 1526, ces mines tombèrent dans une efpèce d'abandon, occafionné par la guerre ; & vers le milieu du dernier fiècle, elles furent entièrement délaiffées ; elles reftèrent dans cet état jufqu'à ce que M. Gersdorff, un des plus favans Mineurs des Etats Autrichiens, fit revivre ces mines, & en fit reprendre l'exploitation dans la partie appellée Keuzberg. M. le Comte de Gottilieb Stampfer, dont vous connoiffez le goût pour l'exploitation des mines, fe hazarda de pénétrer dans cette mine par une des ouvertures qui avoient jadis fervi de galerie aux anciens. Il la trouva enfin remplie d'eau ; & ce ne fut pas fans rifquer beaucoup pour fa vie, qu'il atteignit la partie du filon non-exploité. Il en rapporta de très-beaux morceaux de mines, qui firent prendre la réfolution d'y former une exploitation en règle.

On se détermina de pousser d'abord une galerie d'écoulement au pied de la montagne, qui devoit être de plusieurs centaines de toises; & pour mettre ce plan en exécution, on imposa sur chaque action pendant l'espace de dix ans, vingt florins, c'est-à-dire, jusqu'à ce qu'on parviendroit au filon, & jusqu'à ce qu'on feroit couler librement les eaux de la montagne par-là. L'espoir presque certain d'un gain réel, la bonne disposition de cette montagne pour pouvoir se servir constamment des eaux qui en sortiroient, pour faire aller les boccards & les fonderies, ensemble les relations anciennes qu'on avoit de cette mine, ont soutenu tellement cette entreprise, que depuis sept ans on ne s'est pas découragé, & qu'on a poussé ce travail constamment jusqu'aujourd'hui.

Cette galerie a été poussée en premier lieu pendant 40 toises d'é-

tendue à travers une roche mar-
neuſe très-molle, à laquelle a ſuc-
cedé une roche argilleuſe dure, &
enfin on eſt parvenu au *ſaxum metalliferum* dont cette montagne eſt
principalement compoſée. C'eſt là
la ſeule mine qui ſe ſoit exploitée
dans ce pays. Il eſt vrai qu'en différens autres endroits, de pauvres
Mineurs font des tentatives ſouvent
infructueuſes ſur divers filons. En
1748, on établit ſur les mines de
ce canton, un Conſeil d'adminiſtration particulier, conſiſtant en
un Inſpecteur-Général & différens
Conſeillers. Depuis ce tems les
mines ont fait de grands progrès.
Je me propoſe de voir tous les lieux
à mines qui en dépendent, & de
vous en donner un détail.

LETTRE XVII.

*De la roche appellée Steinmarck ;
terre calcaire qui tient de l'or ;
cryſtaux calcaires non-ſolidifiés.*

L E premier lieu que j'ai viſité eſt
Rapanick ; il eſt placé dans un endroit très - ſauvage , entouré de
montagnes , aux confins du canton
Marmoroſer , qui appartient encore à la Tranſilvanie , & par
cette raiſon - là il relevoit de la
Chambre des Mines de cette Province , mais par rapport à ſa pro-
ximité de Nagy-Banya , & la facilité qu'il y a d'en faire l'inſpection de ce dernier lieu , il en fut
diſtrait lors de la formation du
Conſeil des mines dont nous avons
parlé. Pendant plus de quatre heures
de marche , pour arriver ici , je
n'ai vu que des rochers nuds &

entièrement dépouillés de terre.
Ces rochers font d'une forte de
granit, ou un mêlange de mica
& de la terre argilleufe folidifiée.
Rapanick eft auffi placé dans une
vallée. Si on doit s'en rapporter à
une tradition du pays, ce doit être
un Prince de Tranfilvanie vers la
fin du feizième fiècle, qui ouvrit
le premier ces mines : on en nomme encore une galerie, la galerie
du Prince. Ces mines fourniffoient
quatre à cinq cent marcs d'argent
par an, argent qui ne contient que
peu d'or ; mais les eaux empêchè-
rent qu'on en continuât l'exploitation, & on ceffa d'y travailler
en 1743. En 1748 elle fut reprife,
à quoi la mine du nom de Jofephe
donna occafion, car la Chambre
l'afferma huit mille florins, & les
Entrepreneurs fe tirèrent d'affaire.
Ce lieu n'eft pas borné à cette
mine feulement ; il y en a plufieurs autres avec leur dénomination particulière. Tous ces filons

se dirigent du nord au midi, & s'inclinent de l'eft à l'oueft. La roche dans laquelle fe trouve ces filons, eft de nature argilleufe ; elle fe diftingue de notre *faxum metalliferum*, en ce qu'elle a des taches blanchâtres de Steinmarck (1). Les autres montagnes dépourvues de filons confiftent en une forte de granit friable, qui fait feu avec le briquet. En plufieurs endroits, ces roches font recouvertes d'une forte de chyte micacée.

Le filon de Rapanick a été déjà pourfuivi pendant plus de quatre

---

(1) Les François n'ont pu jufqu'ici fe faire une idée jufte du fteinmarck, attendu que les Allemands eux-mêmes n'en ont pas d'idées affez claires & affez précifes ; cependant il m'a paru que le plus fouvent les Mineurs Allemands entendent par fteinmarck une forte de pierre argilleufe, friable, qui fe laiffe couper au couteau, s'endurcit à l'air libre ; c'eft, fi l'on veut, une forte de *fmeitis* groffier & impur. Souvent il eft rougeâtre & pourvu de taches bleuâtres. La matière que l'on croit favonneufe & qui fe trouve dans les fentes des rochers de Plombiere eft de cette nature.

cens toifes. Il a quatre à cinq toifes de puiffance , & confifte en
feldfpath couleur de rofe, parfemé
mine d'argent grife. Maintenant de
ce filon s'eft étranglé dans la roche folide. On fépare tant qu'on
peut les parties de mine d'argent
grife d'avec le fpath ; & ce qui n'en
peut être féparé, fait de la mine
pour le boccard. Dans la partie
du chevet du filon, fe trouve une
veine qui contient de la mine de
plomb & de la blende. Cette mine marche parallèlement au filon.
Dans la mine du nom Saint-Paul,
on trouve une veine de quartz
blanc, dans lequel il y a de l'or
avec la mine d'argent grife. Indépendamment on trouve dans ce
filon ifolément une matière terreufe calcaire qui laiffe dans le lavage quelque peu d'or.

Dans le quartz, il fe trouve quelquefois des parties de mines d'antimoine en grandes aiguilles : on
m'affura que la rencontre de l'an-

timoine étoit une marque affurée d'un riche produit en or. Je vis dans la partie du chevet du filon, une cryftallifation fur laquelle étoient parfemés des cryftaux cubiques. Vous favez que j'affemble bien volontiers toutes fortes de cryftallifations ; & comme donc j'étois fur le point d'enlever celle-ci, je trouvai que fes cryftaux n'étoient nullement folides , mais que c'étoit une terre calcaire, molle & non-formée encore (1). Je fis une pareille rencontre à Schemniz dans la galerie nommée de Saint-Antoine. Ayant frappé deffus, les cubes fe féparèrent ; & comme je preffois toute cette cryftallifation, il en fortit de l'eau. Il fe forme donc tous les jours des cryftaux (2).

---

(1) C'eft là prendre la nature fur le fait. J'en ai trouvé une pareille dans une galerie à Sainte-Marie-aux-Mines , excepté qu'elle tomba prefque toute en eau.

(2) On n'en peut douter pour les cryftaux calcaires ; il n'y a que pour les cryftaux quar-

Le filon nommé le Sauveur de Marie, est d'une espèce de gangue parsemée de pyrites aurifères, qui n'est propre qu'à être polie. Tous les autres filons consistent en l'espèce de spath rougeâtre dont nous avons fait mention ci-devant, qui tient de l'or, & qui est parsemé de fahlerz. Plus ce spath est rouge, c'est-à-dire, plus il est ferrugineux, plus il contient de l'or. La plupart des filons font séparés de la roche dans laquelle ils courent, par une salabande argilleuse. La plus profonde galerie de la mine de Rapanick, est déjà poussée à plus de sept cent toises à travers le *saxum metalliferum* blanc, dont j'ai parlé. Elle a été entreprise par le savant Mineur Gersdorff. Tous les filons qui se font rencontrés dans la pourfuite de cette galerie,

---

tzeux dont on ne peut pas assurer la même chose. Aucun Minéralogiste que nous sachions, ne les a trouvés dans le tems de leur formation.

font très-puissans. Mais ce qu'on remarque de bien singulier, c'est qu'à mesure qu'on descend, la proportion de l'or diminue. Cette galerie doit être poussée encore de cinq cens toises, & par-là on espère traverser les mines les plus éloignées dans cette montagne.

A une lieue de Rapanick, dans la montagne Botaer, j'ai visité une autre mine. Ici le filon marche à travers une roche verte, mélangée de quelques parties de terre calcaire. Cette roche en fait le toît, & la roche blanche que j'ai nommée *saxum metalliferum* blanc en fait le chevet. La substance du filon consiste en quartz blanc, mélangé de blende de galène de plomb qui tient beaucoup d'or, lequel s'y montre quelquefois très-sensiblement par rapport à la grande quantité de parties des filons qui ne sont propres qu'à être pilées. Vous pouvez bien vous imaginer qu'il doit y avoir beaucoup de boccards qui vont continuellement. Tous ces boccards font conftruits à-peu-près comme ceux de la Baffe-Hongrie. M. Frey-Herr , Infpecteur-Général, en a fait conftruire un où il y a fix pilons par batteries, & chacune de ces batterie a deux forties libres, de droite & de gauche. En très-peu de tems on fournit à ces boccards une très-grande quantité de gangue. Mais quand on réfléchit à cet arrangement & à la nature de ces boccards, on s'apperçoit bien aifément qu'ils font défectueux ; car outre que le fer des pilons eft pernicieux à la mine, puifqu'il fe détruit , les courans d'eau trop rapides & les forties trop libres ne laiffent pas le tems aux parties d'or de fe dépofer. Il y a trois fonderies pour la fonte de toutes ces mines, avec huit fourneaux dans chacun , où les intéreffés aux mines font libres de fondre leur minéral , & d'en li-

vrer enſuite la notte à la direction de la
Royale. L'or & l'argent qui proviennent de ces mines eſt livré à
la Monnoye de Nagy - Banya. A
l'égard de la manière de fondre
les mines , elle diffère peu de
celle qu'on emploie à Schemniz ,
M. Gersdorff a fait ici , dans le
tems qu'il étoit Inſpecteur-Général , un eſſai de fonte qui mérite que je vous en parle. Comme les ſalines de Mormoſer ne
ſont que peu éloignées d'ici , il fit
tranſporter ici une certaine quantité de ſel qui eſt en petites parties;
& à chaque fois qu'on garniſſoit
le fourneau, il en faiſoit jetter
quelques pellerées. Son but étoit
d'empêcher par-là , comme dans
les eſſais en petit , que l'argent ne
ſe diſſipât ; mais il apperçut, après
quelques eſſais de cette nature ,
qu'il en réſultoit préciſément le
contraire, qu'il y avoit un déchet
d'un demi pour cent de perte de

plus

plus qu'auparavant (1). Mais ce déchet pouvoit être dû à la négligence des fondeurs, que toute nouveauté révolte.

L'exploitation des mines eſt dirigée ici par un Maître des mines & un Sous-Maître, mais ils ſont ſoumis à l'inſpection & aux ordres du Conſeil des Mines de Nagi-Baya.

---

(1) Cela devoit être, & l'auteur de ce procédé n'y avoit pas aſſez réfléchi; car il eût vu que l'acide marin ſe ſépare de ſa baſe à un grand feu, & qu'à meſure il attaque l'argent & l'emporte. Il y a plus, c'eſt que l'argent eſt lui-même une cauſe prochaine de cette ſéparation, c'eſt-à-dire, que l'acide marin eſt déterminé à ſe ſéparer de ſa baſe par rapport à l'argent. Ceux qui ne ſeroient pas convaincus de cette vérité, peuvent conſulter à ce ſujet un petit ouvrage qui a pour titre : *Traité de la diſſolution des métaux.* Ils y verront que du ſel marin mis tout ſimplement avec de l'argent en fuſion, y cauſe un déchet conſidérable. D'ailleurs M. Gersdorff ne voyoit-il pas bien que quand même le ſel marin ſeroit un moyen efficace dans la fonte en petit, il ne peut pas l'être dans la fonte en grand, où l'action des ſoufflets eſt plus que ſuffiſante pour empêcher que le ſel marin ne couvre en bain tranquille les ſcories ?

M

LETTRE XVIII.

Avantage qu'il y a d'exploiter certaines mines au moyen du feu ; description d'une machine propre à elever les matières du fond d'une mine ; description d'une mine de sel ; accident arrivé à l'Auteur.

Le silence que j'ai observé à votre égard jusqu'ici, a été occasionné par un accident fâcheux qui m'est arrivé, & qui a manqué à me faire périr. Cet accident a été occasionné par l'action du feu dont on se sert pour exploiter la mine de Selsoe - Bánya, où j'ai eu l'imprudence de descendre dans un tems où à peine la chaleur étoit assez diminuée pour laisser respirer, & où la circulation ordinaire étoit à peine rétablie.

L'immensité de ces feux excitoit principalement ma curiosité ; mais j'en fus rudément puni, car à peine fus - je defcendu dans la mine, que je tombai fans connoiffance , & qu'on m'en tira à demi-mort. J'ai eu beaucoup de peine à me rétablir.

Selfoe-Banya doit être mis au rang des plus anciens lieux à mines ; elles ont été exploitées fans interruption depuis pufieurs fiècles. Les habitans de cette Ville ne fubfiftèrent d'abord que par l'exploitation feule de ces mines. La guerre qui avoit interrompu l'exploitation de la plupart des autres mines de ce diftrict , n'empêcha pas que celle-ci ne fût pouffée vigoureufement jufqu'en l'année 1689. L'année fuivante, l'Empereur Léopold les acheta pour 2540 florins, & les réunit à fon domaine ; & par un refcrit il affranchit pour toujours les habitans de toutes taxes & impoſitions. Depuis cette époque, ce lieu eſt devenu de plus en plus floriſſant. Aujourd'hui les mines les plus travaillées ſont celles qu'on nomme Borkectiſche. On les exploite par le moyen du feu. La roche qui l'accompagne à droite & à gauche, eſt une eſpèce de pierre cornée ou petroſilex très-dur. De cette manière d'exploiter cette mine, il réſulte des eſpaces effrayans par leur énorme grandeur, & dont les parois ne ſont retenus par aucun étai. Dans ces anciennes ruines, ou pour parler le langage des mineurs dans les parties du vieil homme, on voit beaucoup de pauvres perſonnes qui, au riſque de leur vie, cherchent de côté & d'autre des parties de mines abandonnées. Dans ces recherches, on trouve une eſpèce de ſtalactites d'un jaune rougeâtre dont on m'apporta un échantillon. Cette ſubſtance me parut une énigme inexplicable; on la prendroit d'abord pour du ſuccin ; elle est vîtreuse dans la fracture, & elle fait effervescence avec les acides, cependant elle ne donne aucune odeur au feu, & elle ne s'y calcine pas. Peut-être aurai-je occasion de l'examiner plus amplement par la suite.

Le filon qui est d'une toise d'épaisseur, tantôt plus & tantôt moins, consiste en zinopel qui ne diffère pas beaucoup de celui de la Basse-Hongrie (1). On n'en tire que de la mine à boccard, dont le quintal, quand elle est bien lavée & séparée de tout ce qui lui est étranger, ne donne au plus que deux lots d'argent, mais cet

---

(1) Les Hongrois & quelques Allemands entendent par zinopel, une roche rougeâtre d'un grain fin, uni & serré, mais qui n'est point assez dure pour faire beaucoup de feu avec le briquet. On y distingue souvent des grains blancs qui sont plus durs que les autres. Les élémens de cette pierre sont très peu de quartz confondu avec beaucoup de terre argilleuse endurcie, & de la chaux de mars, sous la forme de colcotar, qui la colore.

argent tient vingt deniers d'or par quintal.

La grande mine, qui reſſemble aſſez à celle de Schemniz, en quelques endroits, a juſqu'à ſix toiſes de largeur ; ce fut en tremblant que j'y deſcendis juſqu'au troiſième plan ; au quatrième, je vis que le filon étoit entièrement coupé par une veine qui vient du côté du chevet. Toutes les parties de ce filon ſont pauvres. Le quintal de la mine ne donne, comme celui dont je viens de parler, que deux lots d'argent, donc le marc donne quarante deniers d'or, ou deux gros & demi. On trouve cependant quelquefois dans ce filon des parties de mines qui donnent depuis ſix juſqu'à dix lots d'argent au quintal. Dans une veine qui accompagne le filon vers le toît, on rencontre de beau ſoufre vierge d'un rouge foncé & très-bien cryſtalliſé, & quelquefois auſſi en maſſe informe. C'eſt, autrement dit, le fandarac ou le réalgar. Il a pour matrice un quartz d'un blanc laiteux (1). On y trouve auffi de gros cryftaux cubiques de fpath fluor tranfparens, dans lefquels fe voit fouvent de ce même foufre rouge, & de l'antimoine rouge, ainfi que de couleur naturelle. J'en ai eu parmi ces derniers morceaux dont les aiguilles traverfoient d'un bout à l'autre des cryftaux de fpath prifmatiques tranfparens, de trois pouces de longueur, de manière qu'ils donnoient lieu de conjecturer que les deux fortes de matières qui les compofent fe font cryftallifées en même-tems.

---

(1) C'eft effectivemeut de la Hongrie ou de la Tranfilvanie que fe font répandus dans les cabinets les beaux morceaux de cette efpèce, qu'on y admire. Mais les marchands d'hiftoire naturelle voyant qu'on n'en pouvoit pas obtenir facilement, fe font avifés de les contrefaire, & ils y ont réuffi, en faifant fublimer enfemble, dans des pots, du foufre & de l'arfenic; il faut donc fe méfier beaucoup de celui qui fe trouve dans le commerce depuis quelque tems.

M 4

J'obtins auffi de la manganèfe rougeâtre cryftallifée en aiguilles ou en
rayons.

La manière dont on torréfie
ici la roche au moyen du feu,
doit être diftinguée de celle qui
eft en ufage à Schlackenvald
& au Hartz. Les grands efpaces
vuides & les éboulemens incom-
modes qui réfultent par-tout ailleurs de cette méthode, portèrent
les intéreffés à cette mine, d'imaginer le moyen de s'en fervir, de
telle manière qu'on pût produire
le plus grand effet poffible fans
courir de fi grands rifques, & en
ménageant néanmoins le bois très-
confidérablement. Pour cet effet
ils creufent, foit à la poudre ou
au marteau, pendant l'efpace de
douze ou quinze toifes; alors ils
y font un efpace en travers, d'un
pied de hauteur & d'autant de
profondeur. Là, ils placent une
grille de fer, qui eft plus étroite
en avant qu'en arrière. Cette grille

porte sur deux barros de fer qui
sont appuyées des deux côtés contre
les parois. Sur cette grille, on
commence par mettre deux pouces de petit bois, & ensuite des
bûches de la hauteur d'un pied.
On y met le feu & on le laisse
brûler tranquillement ; lorsqu'il
est éteint, les mineurs détachent
tout ce qui est attendri. On ré-
pète ensuite la même manœuvre,
excepté qu'on ne fait pas de nouvelle entaille à la poudre ni au ciseau, puisqu'on trouve aisément le
moyen de s'étendre dans ce que
le feu a attendri. Veut - on suivre
cette traversée & exploiter la partie du filon qui se présente sur elle,
on place sur son sol deux à trois
pieds de roche pauvre ou de gangue à boccard ; là on place le bû-
cher, on a soin de concentrer le
feu à droite & à gauche, en y ap-
pliquant des roches inutiles, afin
que la flamme ne se répande ailleurs inutilement. Telle est la ma-

nière de fuivre, au moyen du feu,
un filon. Il eft aifé de voir que
par cette manière de difpofer les
bûches, l'air, paffant le long de
la galerie, doit beaucoup faciliter
fon effet. Il eft d'ufage de mettre le feu à ces bûchers tous les
vendredis; & les lundis, d'aller
abattre tout ce qu'il y a de minéral attendri; enfuite on fait un fol
un peu plus loin pour y pofer un
autre feu, & on continue ainfi
jufqu'à ce qu'on ait pourfuivi le
filon jufqu'au bout. Je dois cependant vous remarquer que comme le filon eft très-puiffant, on
commence à pofer le feu dans la
partie du toît, & qu'après que
cette partie a été calcinée, on en
fait autant du côté du chevet &
jufqu'à ce qu'on ait égalifé le filon.
De cette manière, on affemble
beaucoup de gangue dans le filon
qui n'eft propre que pour le boccard. On la fort cependant lorfqu'il y en a une très-grande quan-

tité. Par cette méthode, cette mine est exploitée à très-grand marché, quoiqu'elle soit très-dure, étant d'une roche jaspée qui résiste au ciseau, & qui causeroit beaucoup trop de dépense en se servant de la poudre. Telle est la façon de penser des Intéressés ; mais malgré cela, je ne puis me persuader qu'il ne fût pas plus avantageux d'exploiter cette mine selon l'usage ordinaire ; & peut-être serez-vous bien-aise que je vous expose ici mes raisons à ce sujet. Les voici : Premièrement j'observe qu'on ne dispose pas si bien ces feux qu'on puisse empêcher la chaleur de se porter là où il ne faut pas, c'est-à-dire, dans la roche inutile ; de sorte que lorsqu'on vient à détacher les parties du filon, il est impossible d'empêcher qu'il ne tombe aussi de cette roche inutile, attendu qu'il n'y a, ni ne peut y avoir d'étais pour la soutenir, & que par-là il ne réfulte des efpaces vuides. Confé-quemment l'exploitation devient irrégulière. 2°. L'air de cette mine eft très-mauvais, foit par rapport à la vapeur des pyrites, ou foit par rapport aux vapeurs arfeni-cales, en forte que les Mineurs font attaqués très fréquemment de maladies. 3°. Les Mineurs ne peu-vent travailler dans la mine que pendant trois jours de la femaine; car pendant que le feu y eft, il n'eft pas poffible d'y exifter, à caufe de la grande fumée. 4°. On dépouille trop le minéral de fon foufre, en forte que faute d'une affez grande quantité de foufre, la matte ne peut pas fe former, du moins en affez grande quan-tité pour retenir tout le métal. 5°. Enfin ce calcinage eft caufe qu'il y a beaucoup de parties qui, trop atténuées, fe perdent pendant le lavage.

Cette mine ne fe trouve actuel-lement approfondie que de 70

toises. Le filon y court contre le *saxum metalliferum.* Toute cette montagne à mine est traversée par une galerie premiere & générale, qui a maintenant quatre cent cinquante-quatre toises d'étendue; on enlève les eaux du fond de cette galerie au moyen de deux baritels à chevaux. Il y en a un qui tire par un puits oblique, & l'autre par un puits perpendiculaire. Jadis on avoit ici une machine mue par le moyen du vent, au moyen de laquelle on élevoit les eaux à six toises de hauteur ; cette machine les versoit dans une galerie pour qu'elle s'en allât de là dehors. Il y avoit en outre dans cette galerie une caisse de cuivre, au haut de laquelle aboutissoient deux tuyaux. On ouvroit ces deux canaux ; par l'un les eaux du jour couloient dans la caisse, & l'air qui y étoit contenu, étoit forcé de couler par l'autre. Ce vaisseau communiquoit au puifard où s'assembloient les eaux de la mine, par un autre tuyau de six toises de longueur qui étoit aussi scellé à sa partie supérieure. Dès que le coffre de cuivre étoit plein d'eau, les ouvertures supérieures étoient fermées ; un autre tuyau qui communiquoit dans le fond de ce vaisseau, s'ouvroit & laissoit écouler les eaux. Par-là il se faisoit un vuide qui donnoit occasion à l'eau du puisard de la mine d'y monter par le tuyau dont nous venons de parler, au moyen de la pression de l'air ; & cet effet avoit lieu jusqu'à ce que le puisard fût vuide.

Les boccards royaux sont très-bien conditionnés, mais pour ceux des compagnies, ils sont les mêmes à-peu-près que ceux dont se servent les paysans Zigeuners. A l'égard des fonderies, il y en a deux ; l'une qui est royale, & qui est pourvue de six fourneaux, &

l'autre qui appartient à la ville , & qui n'a que deux fourneaux.

L'or & l'argent qui proviennent de ces mines , est livré à la monnoie de Nagy-Banya. Pour chaque marc d'argent qu'y livrent les Intéressés, il est payé 21 florins & demi ; & pour un marc d'or, soixante & dix ducats, & un cinquième de ducat.

L'exploitation des mines est ici dirigée par un Maître , assisté de quelques Conseillers. Les procès qui naissent pour le fait des mines, sont jugés selon le Code des Mines donné par l'Empereur Maximilien.

Les salines de Marmoros sont entourées de chyte mêlé de mica ; roche qui se continue jusqu'aux montagnes Crapatiennes. Dans cette roche , on trouve de très-beaux cristaux de quartz transparens de forme octogone, qui sont connus sous le nom de pierre de Marmoros. L'eau en détache peu-à-peu, & les entraîne dans les ruiſfeaux. Ils ont une certaine dureté qui n'eſt pas ordinaire au quartz (1), & ſemblent avoir été taillés exprès par la nature. Dans cette mine de ſel, il ſe trouve du gyps tranſparent & cryſtalliſé en filets.

En 1645, il y avoit pluſieurs mines tant d'or que d'argent en exploitation, au lieu nommé Sckete-Banya, lieu dépendant de la ville de Nagy-Banya. On y comptoit, dit-on, plus de deux mille Mineurs. Maintenant ce lieu eſt entièrement déſert. Ce n'eſt qu'en 1752 qu'on rouvrit une mine auprès de la ville de Nagy-Banya, & qui n'eſt pas

---

(1) Ces beaux cryſtaux quartzeux ne ſe trouvent pas ſeulement en Hongrie, il s'en voit auſſi en pluſieurs autres endroits. J'en ai fait tailler un beau morceau arrondi & uſé qui s'eſt trouvé dans les mines de Pompéan en Bretagne, & qui préſente toutes les qualités d'une belle topaze, excepté qu'elle eſt d'un beau blanc de diamant.

dans le meilleur état poffible. Lopos-Banya eft une montagne à mine dans le Comté Miztol-falu, qui appartient au Comte Caroli. Ce lieu à mine eft divifé en deux diftricts, l'un s'appelle Mis-Banyer, & l'autre Sargo-Banyer. Dans le dernier il fe trouve des filons puiffans qui ne fourniffent que de la mine à boccard. Ces filons courent dans le *faxum metalliferum.*

La mine de lavage qui provient de ces filons, eft plus riche en or qu'en argent. Souvent auffi il fe trouve dans ces filons de la mine de plomb; il fe trouve auffi, dans le diftrict de Miz-Banya, du cuivre.

L'or & l'argent qui proviennent de ces mines, eft livré auffi à la Monnoye de Nagy-Banya. On a auffi trouvé dans la Seigneurie d'Ololapos, plufieurs bons filons. J'ai obtenu de là un morceau mafsif de zinopel, dans lequel étoit disséminé de l'or.

Près d'un village nommé Illoba, se trouve du cuivre vierge placé sur de la mine de plomb galêne.

LETTRE XIX.

*Silex particulier à la Hongrie ;
hiſtoire des mines de Schmnœlnis ; eau cémentatoire ; fabrication ſingulière du ſoufre.*

PRÈS de Tockay on trouve répandus dans la campagne des morceaux d'une eſpèce de pierre noirâtre & vitreuſe, tirant ſur le bleu,
qu'on nomme ſaphyre. On penſe
que cette pierre eſt une eſpèce de
lave, mais je n'ai remarqué nulle
trace de volcan dans aucune des
montagnes que j'ai viſitées. A l'égard de la côte de Tockay qui produit de ſi bon vin , elle eſt bien
loin d'être de nature volcaniſée,
car elle eſt chyteuſe & graniteu

se (1). Il y a toute apparence que ces morceaux sont venus des montagnes Carpatiennes, dans lesquelles on trouve beaucoup de ces pierres, & même du soufre vierge (2).

---

(1) Je suis étonné que M. de Born ne fasse pas mention du silex particulier qui se trouve dans ce canton ; cependant rien n'est plus célèbre que ce silex, qui diffère essentiellement de celui des autres pays, en ce qu'il est, 1°. d'un jaune foncé ou couleur de cire ; 2°. en ce qu'il est plus friable, & qu'il donne beaucoup moins de feu avec le briquet ; 3°. enfin en ce qu'il ne se fond pas avec l'alkali fixe aussi facilement que celui de la France. Ce silex forme çà & là de gros blocs parmi les vignes de Tockay.

(2) M. de Born paroît être dans l'opinion que le soufre vierge doit toujours son origine aux volcans ; cependant il doit avoir eu occasion plusieurs fois de se convaincre que le soufre est produit dans les mines comme les autres minéraux, au moyen de l'eau. La figure cubique & octogone sous lesquelles se présente ce minéral, le prouvent évidemment D'ailleurs on sait que le soufre qui a été fondu, n'est point transparent, ni autrement qu'en masse informe.

On a lieu de croire qu'elles ont été entraînées par des torrens jusqu'au lieu dont je parle. A une journée avant d'arriver à Altfchl, on parvient aux montagnes qui vont droit au diſtrict de Laptance, & qui ſe joignent aux montagnes Carpatiennes. Le mal-être dans lequel j'étois toujours, me rendant inſupportable le mouvement de la voiture, je mis pied à terre, & je conſidérai des morceaux de granit iſolés, ce qui me fit préſumer que ce terrein avoit pour baſe cette eſpèce de roche. On exploite dans ce lieu quelques mines de plomb & de cuivre.

Schmœlniz eſt ſitué au pied des montagnes Carpatiennes, dans le diſtrict de Zipſe ; c'eſt un lieu célèbre à cauſe de ſes mines ; il l'eſt encore en ce qu'il fait partie du domaine du Prince. Sous l'Empereur Ferdinand III, la Seigneurie du Zipſe, ainſi que Schmœlniz, paſsèrent au pouvoir des Comtes

Casky, qui en affermèrent prefque toujours les mines, auffi bien que tous les autres objets de commerce. En 1671, les deux freres de cette Maifon, les Comtes François & Stephan, partagèrent ce pays entr'eux à égale partie, ainfi que les mines; mais un d'eux s'étant revolté quelque tems après, fa part fut confifquée & remife au domaine Royal. La Chambre du domaine ne fit pas grand cas d'abord de ces mines, & les afferma à différentes perfonnes; & en l'année 1684, elle les afferma de nouveau au Comte dont la part n'avoit pas été confifquée, pour la fomme de 4000 florins; mais trois ans après, la Chambre entreprit l'exploitation de ces mines en commun avec ce même Comte, & elle en retira, pour fa moitié, tous frais payés, 14831 florins. Cette expérience heureufe porta la Chambre à s'approprier l'autre partie de ces mines, ce qui eut lieu en 1690. Le Comte eut en dédommagement la partie de la Seigneurie qui avoit été con-fifquée fur fon frère. Depuis ce tems, ces mines font fous la direction de la Chambre de Braf-chau, qui n'en peut tirer tout le parti poffible, faute de connoif-fances fuffifantes. Cependant en 1737, elle y mit un Directeur inf-truit & entendu dans l'art des mines; & enfin en 1748, elle y forma un Confeil avec ce Directeur & plufieurs Confeillers, qui non-feulement dirige ces mines, mais qui même décide toutes les difficultés qui naiffent à ce fujet, & cela d'après le Code des Mines donné par l'Empereur. Maximilien. Cependant on peut appeller des Jugemens de ce Confeil à celui de Nagy-Banya. Ce Confeil a aufli la direction de tout ce qui a rapport au commerce, aux fonderies & aux eaux & forêts; mais à l'égard de toutes ces parties, il dépend de la Chambre Impériale de Vienne. Il se trouve ici encore une personne considérable, qui a l'inspection générale, & qui vérifie les comptes.

Les mines qui sont sous la direction de ce Conseil, sont celles de Stoff, de Schwelder, Ensieder, Goelniz, Kerumbach, Borathshod ou Vagendrissel. Tous ces lieux sont dans le Comté de Zipse.

Les montagnes de Schmœlmiz consistent en roche chyteuse bleuâtre, mêlée de mica, au travers de laquelle se dirigent trois filons qui courent sur six heures, & qui ont leur penchant du nord au midi sur soixante & dix degrés. Ces filons courent parallèlement entre eux, & ne sont guère éloignés l'un de l'autre que de douze toises. Entre ces filons se trouvent des veines qui en sont vraisemblablement des échappemens, mais rarement elles sont garnies de mines. Ces filons sont très-sujets au change-

ment

ment & à fe couper ; ils fe préfentent pauvres pendant une certaine longueur, & font détour-
nés par le .moindre changement
de la roche. Ces changemens
de la roche , dont les couches
fe préfentent dans une direction
oppofée à celle du filon , ont
ici une dénomination particulière,
& on eft accoutumé de voir que
quand ce changement vient du
côté de l'eft, il jette le filon dans
la partie du chevet , & que quand
il vient du côté de l'oueft , il jette
le filon dans la partie du toît ; &
fouvent le même filon fe trouve
perdu totalement. On a auffi remarqué que les veines dont nous
venons de parler , produifent quelquefois le même effet (1). Cepen-

---

(1) Il eft bon que nous obfervions aux perfonnes qui ne feroient pas inftruites de ce langage des Mineurs Allemands, qu'on ne doit pas
prendre ces expreffions au pied de la lettré ,
c'eft-à-dire , regarder ces changemens comme

N

dant on a remarqué que ces accidens font néceffaires pour l'amélioration des filons, car après les
avoir retrouvés, il s'y rencontre
de la mine ; au contraire fi ces accidens n'arrivoient pas, les filons
refteroient toujours abfolument
pauvres.

----

un effet réel de ces bancs de roches, ou de
ces veines, car on n'a non - feulement aucune
preuve que ces changemens foient réellement
opérés par ces bancs ou veines, mais encore on
a la preuve du contraire dans d'autres pays, où
les filons fe foutiennent très-bien , avec toute
leur puiffance , à travers tous ces changemens.
Pourquoi donc, fi c'eft là une caufe dans un
lieu, cela ne l'eft-il pas dans un autre ? Il n'eft
que trop vrai que le langage groffier & réful-
tant des préjugés des Mineurs a influé fur la
fcience des Mineurs. Ce langage ne feroit rien
en lui-même, s'il n'induifoit pas en erreur dans
la recherche des mines , & s'il ne faifoit pas
adopter de faux principes. En effet, rien n'eft
plus ordinaire de fe perfuader que, puifque telle
chofe eft arrivée en un lieu, elle doit arriver en
un autre. C'eft d'après de tels principes qu'on
dit qu'un filon qui fe joint à un autre, *l'enno-
blit.* J'ai vu plufieurs de ces jonctions fans la
moindre marque d'*ennobliffement*, & des intéreffés ruinés pour avoir fuivi ces beaux prin-

Mais parmi ces trois filons, celui qui occupe le milieu eſt le plus
riche. La gangue de ces filons eſt
une eſpèce d'argille d'un gris ſombre, qui eſt ſouvent mêlé de quartz,
& rarement avec du ſpath. Communément le quartz annonce de
la mine comme il annonce ſa fin,
quand après que la mine a donné
pendant quelque tems du minerai,
il ſe montre de nouveau : c'eſt pourquoi le Mineur dit dans ſon langage, que le quartz prend & rapporte la mine.

Entre ces principaux filons, il

---

cipes. Diſons à cette occaſion que la nature,
dans le règne minéral, ne s'aſſujétit aucune règle, que ſa règle eſt de n'en avoir aucune, &
de préſenter des variétés infinies que le vrai
Naturaliſte obſerve & admire, & ſe garde
bien de juger. Tout ce que l'on peut dire de
certain, eſt qu'il n'y a qu'une cauſe première à
tout cela ; d'où tous ces effets & ces prétendus
accidens ſont dérivés ; je veux dire, la formation de la roche par l'eau, qui s'eſt dirigée
par de certaines loix qui nous ſont inconnues.

se rencontre souvent parmi la roche chyteuse, des rognons ou amas
particuliers de pyrites. J'ai vu un
de ces amas dont la pyrite tenoit
deux livres de cuivre au quintal ;
mais elle étoit d'ailleurs fort riche en soufre.

Les mines de Schemniz sont
partagées en trois exploitations.
Comme la roche de ces mines
n'est, la plupart du tems, que du
chyte purifié, & non dur encore,
il est enlevé au ciseau avec facilité.
Les Mineurs font cependant de
tems en tems des échancrures au
filon, & dans cette échancrure,
ils font un tirage à la poudre. Par-
là ils détachent de très - grandes
parties de gangue, excepté dans
les galeries de traverses où il n'y a
point de mines. Les Mineurs font
tous à la journée, ou ils font ce
qu'on appelle entailleurs de mines (1). On fait ici la poursuite

____

(1) Il est d'usage, dans les mines d'Allema-

des filons en degrés. Si le minéral
est si pauvre qu'il ne soit bon que
pour jetter au tas du boccard,
deux Mineurs, placés sur chaque
degré, ont par mois cinq florins,
& la valeur de trente sous. Mais
si leur minéral est de nature à mériter le triage, ils ont quelque
chose de moins par mois ; mais
alors on leur paie en particulier le
triage du minéral, selon une taxe
arrêtée ; & s'il arrive qu'ils soient
assez heureux que de rencontrer
de la bonne mine, ils n'ont plus
de paie comme Journalier, mais
on les paie par quintal de minérai
trié ; savoir pour celui dont le pro-

---

gne, & dans celles de Hongrie, de donner, à
prix fait, tous les travaux qui ne sont pas de
grande conséquence, c'est-à-dire, où il n'y a
pas de mine, & de réserver les parties où il y
a du minerai pour les Mineurs à la journée,
qui doivent nécessairement être surveillés. Delà
vient la distinction établie entre les Mineurs ; les
uns s'appellent Mineurs à prix fait, & les autres
Mineurs à journée ou à minerai. Le même usage
est aujourd'hui introduit en France.

duit eft depuis une jufqu'à deux
livres & demie de cuivre au quintal, 10 creuzers (1) ; de celui qui
fournit au quintal de trois jufqu'à
fix livres, quinze creuzers ; & de
celui qui donne depuis fept jufqu'à onze livres & demie, vingt
creuzers ; & enfin pour celui qui
tient douze livres & plus de cuivre, cinquante creuzers ; ce qui
fait que le Mineur divife exactement dans le triage les différentes
qualités de minéral. On défalque
néanmoins fur chaque quintal de
minéral, trois livres pour l'humi-
dité qu'elles contiennent. Le Mineur paie là-deffus la poudre & le
fuif. Toutes les mines font diftin-
guées après leur livraifon, felon

---

(1) Le creuzer vaut trois liards argent de
France. Quelquefois j'ai préfenté la valeur de
cette monnoie par fous de France, pour plus
d'intelligence pour les lecteurs. A l'égard des
florins, leur valeur en argent de France, eft
connue : on fait qu'ils font comptés au Change
fur le pied de quarante-cinq fous.

leur contenu, & forment des tas particuliers, & celles qui méritent d'être paſſées à la *liquation* ne ſont point confondues avec celles qui ne le méritent point, ce qui oblige l'Eſſayeur Royal de déterminer leur valeur, en faiſant un eſſai de chacune en particulier.

Les mines de Schmoelniz ſont la plupart des pyrites cuivreuſes jaunes (1), dont quelques parties préſentent des couleurs dues à leur ſurface, tantôt elles ſe trouvent en grandes maſſes, & tantôt elles ſe trouvent diſſéminées dans une gangue chyteuſe (2). Il ſe fond à peu

---

(1) Il vaut beaucoup mieux dire tout ſimplement que c'eſt de la mine de cuivre ordinaire ; car le mot pyrite induit ici en erreur, & donne une fauſſe idée de l'eſpèce, vu qu'on applique cette dénomination à la mine qui tient le milieu entre la vraie pyrite ordinaire & la mine de cuivre commune, c'eſt-à-dire, à cette eſpèce qui tient beaucoup plus de fer que la mine de cuivre ordinaire.

(2) Il faut bien auſſi qu'il ſe trouve parmi ces mines des parties de mines d'argent griſe, ou

près mille quintaux de cuivre à Schmoelniz, qui provient tant des mines que des eaux cémentaires.

La plupart des eaux qui se trouvent dans ces mines, soit dans les veines ou filons, sont chargées de vitriol de cuivre ; mais pour les en charger davantage, on les fait passer sur de vieilles halles, & ensuite on les fait couler dans des canaux, où l'on met de la ferraille pour faire précipiter le cuivre. De cette manière les eaux sont tellement chargées, que tous les trois jours on sépare le cuivre du fer, & on trouve que ce dernier métal est couvert d'une forte croûte de cuivre qui empêcheroit, si on tardoit plus long-tems à l'en séparer, que les eaux ne pussent déposer le

---

fahlerz, car la mine de cuivre comme telle, ne fournit pas d'argent, & dès qu'elle en tient, elle n'est plus, à proprement parler, une mine de cuivre, mais une mine d'argent grise, ou fahlerz.

cuivre. On a remarqué que plus les canaux où l'on met le fer ont de pente, plus la précipitation du cuivre se fait facilement (1). Tous les ans on nettoie les canaux, & on enlève le précipité de cuivre qui s'y trouve.

Un Ecrivain qui tient compte des quantités de cuivre qu'on obtient de la cémentation , & trois ouvriers, sont les seules personnes qui sont employées à ce travail. Un autre travail non moins important, est le lavage des halles,

---

(1) Ceci paroît opposé au principe reçu en Chymie, qui est que moins un corps se repose sur un autre, moins il a le tems d'exercer son action sur lui. Ne seroit-ce ici qu'un préjugé reçu parmi les ouvriers, qui n'a aucun fondement, ou ne faudroit il pas entendre dans un autre sens ce passage, & croire qu'il ne s'agit que d'une pente nécessaire pour faire écouler les eaux facilement sur le fer, & autant qu'il en faut pour faire substituer à propos une eau chargée de vitriol à une qui ne l'est plus, & qui séjournant trop long-tems sur le fer, empêcheroit que ce métal ne se couvrît de cuivre dans un tems donné?

N 5

& le foin que l'on prend d'y affembler tout ce qui ne tient pas
affez de mine pour mériter d'être
trié & boccardé.

C'eſt un ruiſſeau qui coule dans
la vallée de Schmoelniz, qui fait
aller toutes les machines. Les boccards font conftruits à la mode de
ceux de la Baffe - Hongrie. Avant
qu'on livre les mines à la fonderie, on défoufre celles qui font les
plus pourvues de foufre. A cet effet il y a plufieurs fourneaux ; ils
ont de trois jufqu'à fix toifes de longueur, d'une à deux toifes de largeur, & deux toifes de hauteur; ils
font pourvus la plupart de treize ouvertures. Chacune de ces ouvertures eft divifée en plufieurs trous,
au travers defquels coule le foufre
qui vient fe refroidir dehors. On
commence par mettre dans le fond
de ces fourneaux trois ou quatre cordes de bois, plus ou moins, felon
la grandeur du fourneau. Là-
deffus on met trois voitures de charbon, ou fuffifamment pour cou-

vrir le bois ; pardeſſus ce ſecond lit, on met un lit de mine d'un pied d'épaiſſeur, & ſur cette mine un autre lit de mine de lavage. Avant de garnir ce fourneau, on a le ſoin de placer dans ſon milieu un tuyau de bois, qu'on aſſujettit au moyen des matières qu'on y met. Ce tuyau eſt deſtiné à allumer le feu dans le fourneau, qui ne prendroit que difficilement dans cette maſſe ſans cette précaution. On met dans ce fourneau juſqu'à cinq mille quintaux de minéral, qui ſe maintient en feu pendant douze à quatorze mois.

Les mines chyteuſes n'exigent pas à la vérité tant de tems pour ſe déſulfurer. Quand on apperçoit qu'il ne coule plus de ſoufre par les trous dont nous avons parlé, on fait pluſieurs ouvertures dans le lit ſupérieur du fourneau ; on ajuſte à ces ouvertures, un peu allongées, hors du fourneau, des canaux de bois qui vont s'aboucher dans un réservoir de pierre bien enduit d'argille & bien séché. C'eſt là que le ſoufre coule par cette ſeconde opération ; on tire là preſque autant de ſoufre que par la première.

On raſſemble enſuite tous les ſoufres pour les purifier, & on les rend marchands. On en fait auſſi ſublimer pour faire ce qu'on appelle fleur de ſoufre.

La quantité de ſoufre qu'on obtient dans un an, monte à deux cens quintaux. On tire encore un autre avantage des mines pyriteuſes calcinées ; car on les leſſive toutes chaudes dans de l'eau, & on parvient par ce moyen à faire une leſſive dont on retire du vitriol bleu. A cet effet on a pluſieurs cuves de bois remplies d'eau ; on jette dedans de la mine calcinée ; & lorſque cette eau eſt aſſez chargée de vitriol, on la conduit par des canaux dans des chaudières de plomb pour les faire évaporer, après quoi on les fait cryſtalliſer.

Ces mines ainſi calcinées ſont fondues dans trois fonderies, dont il y en a deux qui ſont à Schmœlniz, & l'autre dans une vallée nommée Schevaelder. Pour faire cette opération, on les mêle avec d'autres mines qui n'ont point été calcinées dans des proportions égales. On y ajoute encore un cinquième d'une mine très-fuſible qui vient de Goelniz.

La matte qui provient de cette fonte eſt grillée juſqu'à dix fois, & enſuite refondue en cuivre noir; & comme ce cuivre noir ſe trouve trop pauvre en argent pour mériter d'être paſſé à la liquation, on le rafine dans le petit fourneau en cuivre de roſette, après l'avoir fait repaſſer par le fourneau de fonte avec un peu de plomb (1). Ce cuivre rafiné eſt travaillé à la forge, où

____

(1) C'eſt pour faciliter ſa purification. Quelques fondeurs jettent tout ſimplement du plomb ou de la litharge, avec la matte ou le cuivre

il fubit une autre efpèce de rafinage. A l'égard des mines qui font
affez riches pour mériter la liquation, elles font mifes de côté &
fondues à part, elles font traitées
dans cette opération comme celles
de la Baffe-Hongrie , & donnent
annuellement de douze à quatorze
cens marcs d'argent. Deux cens
ouvriers font employés tant aux
fonderies qu'aux forges. La coupe
de bois & leur converfion en charbon dépendent d'un Officier particulier. Quoique les filons aient
été exploités directement pour le
compte de notre Souveraine, on
y a laiffé néanmoins établir deffus
quelques exploitations particulières.
Cependant en 1751, la profondeur
de ces mines a été maintenue pour
le compte de l'exploitation royale.

---

noir dans le fourneau , où il doit être purifié ,
mais comme on emploie ici de petits fourneaux ,
on ne peut pas faire autrement que comme il
eft dit dans le texte.

Stoff, qui eſt auſſi dans le diſ-trict de Zipſe, & qui dépend, comme je l'ai dit, de Schmoelniz, a maintenant dans ſa dépendance les mines de fer & les travaux qui ſe font ſur ce métal ; par conſé-quent il fournit de ce métal tou-tes les exploitations du pays. Il eſt pourvu de trois forges qui produi-ſent à-peu-près cinq mille quintaux de fer par an, dont il y en a une bonne partie qui eſt conſommée dans la précipitation du cuivre. Les filons qui fourniſſent la mine de fer aux fourneaux de Stoff, cou-rent dans du chyte. La plupart du tems ces filons ne fourniſſent que de la mine occracée ou brune. Quelquefois dans la profondeur on trouve de la mine couleur de fer très-ſolide, & de l'hématite. Ce qu'il y a de ſingulier, c'eſt qu'on trouve dans ces filons, par-mi la mine de fer, des parties en rognons de mine de cuivre jaune qu'on fond à part, quand il y en a une affez grande quantité ; mais comme il faut long-tems pour l'avoir, on eft quelquefois plus de huit ans avant de faire une fonte.

Schvaelder qui, comme Stoff & fes dépendances, ont été confifquées en partie, & l'autre réunie à la Chambre par échange, eft un lieu très-important à caufe de fes forêts. Sa fonderie, qui eft Royale , & placée au milieu des bois, donne deux mille quintaux de cuivre en rofette par an. La Communauté de Schvaelder exploite pour fon compte plufieurs veines très-riches en mines de cuivre. Ces veines courent dans un chyte micacé ; ils tirent de cette exploitation plus de quatre cens quintaux de cuivre, qu'ils livrent au magafin Royal.

A Einfiedel, on trouve auffi un bourg qui appartient au Comte Efaky, & des veines cuivreufes. Jadis ces veines fournifloient beaucoup de minéral ; mais maintenant à cause de la disette des bois, elles ne font pas exploitées auſſi vigoureuſement. Cependant, malgré cette décadence , elles fourniſſent, année commune , deux mille quintaux de cuivre.

Goelniz eſt de même un lieu à mine qui appartient au même Seigneur, mais il eſt plus ancien que Schmoelniz ; il poſſède deux bons filons cuivreux , leſquels font affermés à diverſes Compagnies qui les font exploiter. La Chambre a auſſi une part dans ces mines. Ces filons courent pendant plus de cent toiſes dans une roche chyteuſe , qui eſt cornée (1). La

____

(1) Il y a une forte de roche chyteuſe plus dure , & d'un grain plus fin que le chyte ordinaire , à qui les Allemands donnent auſſi le nom de roche cornée , quoiqu'elle diffère totalement de cette dernière, & même par ſes parties conſtituantes. Celle-ci eſt compoſée de terre argilleuſe & de très-peu de terre quartzeuſe , tandis que la vraie pierre cornée eſt plus dure

gangue de ces filons eſt une eſpèce de quartz gris, dans laquelle il y a du ſpath. Les mines qu'on y trouve ſont de la mine de cuivre jaune pyriteuſe & de la mine de cuivre griſe qui tient de l'argent, qu'on nomme ici mine d'argent blanche. Cette dernière tient quinze livres de cuivre au quintal, & douze lots d'argent (1) Le Mineur eſt payé ici par quantité de miné-

---

plus ſolide ; elle eſt de nature quartzeuſe ou ſilexiée, ſe briſant en éclats, & dont les extrémités ſont aiguës & tranchantes comme celles du ſilex ou celles du quartz.

(1) Cette mine eſt le véritable fahlerz ou la mine ordinaire d'argent griſe, qui eſt à la vérité un peu trop pauvre en cuivre comme en argent ; mais on ſait que cette eſpèce de mine a dans ſes proportions des variétés infinies. Nous en avons un exemple dans celle de Sainte-Marie, où toutes les variétés ſe ſont montrées : il y en a eu où l'on n'a trouvé qu'un lot d'argent au quintal, & d'autres qui contiennent de ſix juſqu'à douze marcs d'argent au quintal, & trente livres de cuivre. Quelle énorme différence ! C'eſt cette différence, qui a porté quelques-uns

ral qu'il abbat. Pour une mefure qui tient trois quintaux , il reçoit deux ou trois florins , felon, au refte, que le minéral eft plus ou moins riche, ou plus ou moins épuré.

L'exploitation Royale emploie ici , tant pour la fonderie que pour la mine, cent quatre-vingt hommes, mais la difette de bois fait un grand tort à cette exploitation , & occafionne beaucoup de dépenfe. Le produit de toutes ces exploitations fe monte à fix cens quintaux de cuivre par an, & à plufieurs centaines de marcs d'argent.

Krumbach eft auffi de la dépendance du Comte Efaky. Il n'y a ici que des filons de fer qui courent dans une pierre chyteufe,

---

à en établir plufieurs efpèces ; mais c'eft à tort, puifque toutes ces mines font conftituées des mêmes principes , quoiqu'en des proportions différentes.

mais il y a quelques autres endroits dépendans de celui - ci, qui possèdent des filons de cuivre, dont on retire deux mille quintaux de cuivre. Les forges de ce canton qui font au nombre de quatre, & plusieurs martinets, ont considérablement diminué les bois.

A Borat-Schod ou Wagendrissel, la Chambre Royale possède la vingtième partie des mines. Ces mines produisent près de trois cens quintaux de cuivre, qui est transporté à Schmoelniz.

Josseau ou Josso, Unternunzenfen & Abermezefcisen font trois lieux à mines qui appartiennent à l'Abbaye des Prémontrés qu'il y a à Josseau. Ces lieux touchent les montagnes Carpatiennes; on y travaille bien plus les mines de fer que celles de cuivre : ces filons font aussi dans du chyte solidifié.

Topschau est un autre lieu à mines situé au pied de Gaelniz, dans le quartier de Gemerer. La Chambre Royale possède la vingtième partie des mines. Il y a ici deux filons principaux qui courent aussi dans la roche chyteuse. La Chambre Royale des mines n'a point d'exploitation particulière ici pour elle ; ce sont différens particuliers qui font exploiter les mines. Sous cette direction, on compte les mines de Rodovaer, de Selaver, de Pekenberg & de Polumer, qui produisent toutes ensemble mille quintaux de cuivre, qui sont envoyés à Schmoelniz.

Rosenau, dans le même district, appartient à l'Evêché de Gran. Dans les environs de cette ville, sont plusieurs filons cuivreux aurifères & antimoniés. Entre Zingo-Banya & Rosnau, on voit de grandes halles ou décombres, qui prouvent que jadis on a exploité des riches mines de cuivre, Dans ce même lieu, on a commencé, il y a quelques années, d'exploiter quelques filons qui donnent de la mine d'argent grife. Cependant les Chefs de cette entreprife n'étant pas en état de faire les dépenfes néceffaires pour en enlever les eaux , ils furent obligés d'abandonner leur entreprife. On y a auffi entrepris d'exploiter des filons aurifères , qu'on a de même délaiffés. Il y a quatre filons qui fourniffent de l'antimoine dans ce diftrict qui courent dans la roche chyteufe. La plus grande partie de la mine d'antimoine eft maffive ; il ne s'y trouve que rarement de la mine d'antimoine aiguillé & cryftallifé. Il y a d'ailleurs dans ce même diftrict, à Crafznahorka , une bonne mine de mercure, où il fe trouve de très-beaux morceaux de cinabre. Cependant l'exploitation en eft fufpendue par rapport à une conteftation qu'il y a entre le propriétaire de cette mine , le Baron Andrafi & la Chambre.

Iglo ou Neudorf eſt une des treize villes que l'Empereur Sigiſmond engagea à la Pologne. Cette ville poſsède de riches mines de cuivre. Vallendorf eſt auſſi une des treize villes que l'Empereur engagea à la Pologne; mais les mines de ce lieu ne laiſſent ſeulement que de l'eſpérance.

Le Conſeil des Mines de Schmoelniz nomme les Directeurs des trois premiers lieux, & les Directeurs des autres lieux ſont nommés par les Intéreſſés, & confirmés enſuite par le Conſeil desMines de Schmoelniz.

Toutes ces mines ſont obligées de livrer leur cuivre à la Chambre Royale de Schmoelniz, ſuivant une loi reçue pour cela, & les cuivres ſont payés de vingt à trente florins le quintal, plus ou moins, ſelon leur qualité. Ces exploitations reçoivent leur argent trois mois après l'avoir livré. Par ce débit aſſuré, toutes les mines de la

Haute-Hongrie font devenues très-floriffantes (1).

---

(1) Ceci eft une preuve que le débit affuré des denrées eft le nerf de l'activité du commerce & de l'induftrie; mais il eft fâcheux que ce débit foit forcé, & fait excluſivement par le Prince. Il faudroit que les Intéreffés aux mines euffent la liberté de vendre leur cuivre comme bon leur fembleroit, & que le Prince ne leur fît que prêter des fecours dans le befoin. Nous doutons que cette règle pût être fuivie en France. Plus une Nation fe civilife, plus l'efprit du commerce s'agrandit, plus par conféquent il eft difficile d'impofer des loix & des règles, fans gêner cette même induftrie. Il y a une autre confidération à faire par rapport aux mines de la Hongrie, c'eft que la main-d'œuvre y eft à très-bas prix, ainfi que les denrées. Le luxe n'y a pas gagné encore toutes les claffes des Citoyens, comme en France; on y a par conféquent peu de befoin, & on s'y contente de peu de gain.

LETTRE XX.

Détail sur les mines de Schemniz.

Vous n'attendez pas sans doute de ma part une histoire entière des mines de Schemniz & de la Basse - Hongrie, non - plus qu'un détail de tout ce qui concerne les travaux intérieurs, & l'art de fondre les mines, &c. un tel travail exigeroit plusieurs années, & comporteroit nécessairement plusieurs volumes.

D'ailleurs le séjour que vous avez fait ici, vous a mis à portée de voir presque tout par vous-même. Vous avez de plus lu l'ouvrage de M. Severini, Vice - Recteur du Collége Luthérien établi ici, sur les anciens habitans de Schemniz, & sur le commencement de l'exploitation de ses mines ; & dans peu

O

vous ferez à portée de lire une description détaillée des machines établies dans les mines de la Basse-Hongrie, que le Collége des Mines se dispose à faire imprimer. Peut-être auffi y aura-t-il dans peu un ouvrage fur l'exploitation des mines, & la manière de les fondre, que la Chambre des mines a ordonné aux Profeffeurs de compofer pour l'inftruction des élèves dans les mines.

Je ne fuivrai donc ici que le plan que je me fuis tracé, qui eft de décrire les montagnes, la nature des roches qui les compofent, l'état des filons, & la nature des mines qu'ils fourniffent.

Les filons de Schemniz font couverts de chyte dans les prémontoirs ou avant des montagnes. Ces prémontoirs s'élèvent jufqu'auprès de la rivière de Gran, où ils fe joignent à une roche graniteufe, compofée de l'argille pétrifiée, mêlée tantôt avec du choerl

& tantôt avec du quartz ; & fouvent aufli il s'y trouve du fpath calcaire en grains : cette dernière roche, que je nomme toujours *faxum metalliferum*, eft la véritable roche dans laquelle courent tous les filons de Schemniz. Les côteaux qui bordent les vallées de ce pays, font recouverts de pierre calcaire brune, ainfi que le fommet de plufieurs montagnes & autres lieux de la Baffe-Hongrie.

Il y a trois principaux filons à Schemniz qui courent parallèlement à la rivière de Gran ; & fi vous prenez la peine de confulter la carte qu'on a faite du cours de ces filons, vous verrez même qu'ils fuivent les détours de la rivière.

Le plus puiffant de ces filons principaux fe nomme Spitaler. Sa direction eft du nord au midi, ou de douze heures jufqu'à quatre, & fon penchant eft à l'eft de

trente à soixante degrés. Ce filon
fut attaqué d'abord au nord, &
dans l'approfondissement on le
trouva très-mauvais, puisqu'on
vit qu'il ne consistoit qu'en une
espèce d'argille molle entremêlée
de spath. Mais au midi dans une
galerie nommée de Saint-Michel,
on trouva que ce filon contenoit
de la bonne mine à boccard. Ici
il consistoit en quarts, galène &
zinopel ; & la mine de lavage provenant de ces parties, étoit fort
riche en or ; c'est aussi là où ce
filon s'est montré le plus puis-
sant ; on en a des exemples frap-
pans dans le deuxième court &
dans la longueur du puits de Sainte-
Elisabeth, qui est de cent-vingt-
six toises, où le filon s'est présenté
de dix-huit toises de largeur, en y
comprenant les parties molles qui
accompagnent le filon & qui lui
servent de salbande ; c'est cette
puissance qui a déterminé la manière de conduire l'exploitation, &

a fait la différence qu'il y a entre deux endroits où le filon a été attaqué. On trouve auffi dans cette feconde exploitàtion, dans l'étendue de plus de foixante toifes, de riches mines qui fe font changées dans le premier court que nous avons nommé, en zinopel, dans lequel fe trouve affez de minéral pour former une mine à boccard. Encore bien plus loin à l'eft, près des endroits nommés Riffinken, le filon mène avec lui une veine blanche argilleufe, qui court avec lui du côté du toît. En cet endroit, le filon commence à devenir argentifère.

Dans l'argille de cette veine, il fe trouve de tems en tems du fpath & du quartz qui fournit jufqu'à cinq lots d'argent au quintal; enfin ce filon fe change plus loin totalement, & fe trouve rempli de quartz, & qui fournit néanmoins, lorfqu'il eft mêlé avec du fpath de riche mine; il donne auffi des pyrites diſſoutes, & une matière brune ferrugineuſe, qui fournit peut-être encore plus d'or ; mais plus de là on avance au midi, moins il ſe trouve de cette matière dans le filon. Enfin, vers le point le plus éloigné au midi, qui ſe trouve de plus de trois cens toiſes de celui qui eſt le plus éloigné au nord, le filon eſt entièrement mauvais. A cent toiſes du filon dont nous venons de parler, il ſe trouve du côté du toît une veine qu'on nomme du nom de Saint-Jean. Cette veine, ſelon le plan des filons, eſt la même dont j'ai parlé plus haut, & qui ſe joint au filon de Riſſſinken, & qui s'en ſépare enſuite. La gangue de cette veine eſt, comme je l'ai remarqué, une argille blanche qui contient ſouvent de la mine.

Dans le milieu du filon, on trouve ſouvent des rognons de zinopel jaſpé, qui ne contiennent pas de mine ; quelquefois il s'y trouve aussi des morceaux de mine. Au midi, près du quatrième & cinquième plans, le filon se trouve un peu plus solide & noble; & dans la partie du toît, il se trouve un éclaboussement de trois pouces d'épaisseur en argile bleuâtre; & au côté opposé dans le chevet, un pied d'épaisseur de zinopel.

Je dois rapporter, comme chose très-extraordinaire & très-rare, que j'ai trouvé dans une masse de zinopel, à plus de quatre-vingt toises de profondeur, un madrépore pétrifié (1). Je possède en outre un morceau de zinopel sur

---

(1) Cette observation est si singulière, qu'il faut y jetter les yeux plus d'une fois, dans la crainte de ne pas se tromper. L'Auteur dit qu'il s'en est trouvé dans les mines de sel de Gimiden dans la Haute-Autriche; mais il n'y a rien là que de très-ordinaire. Les mines de sel sont placées effectivement dans les lieux de seconde formation, en un mot, dans les lieux calcaires, & où il se trouve souvent toutes sortes de pétrifications aurifères; mais il

lequel il y a plusieurs impressions de polypes. J'ai trouvé l'un & l'autre dans un amas de mine destiné pour le boccard. Cette découverte m'obligea de m'informer des mineurs, si en travaillant dans la mine, ils n'avoient rien vu de semblable; ils m'assurèrent qu'ils avoient rencontré maintes fois de ces pétrifications, mais qu'en ayant fait peu de cas, ils les avoient jettées dans les gangues destinées au boccard.

Maintenant le difficile est de savoir comment ces pétrifications sont parvenues dans ce filon; car elles n'y paroissent pas étrangères, mais comme faisant partie naturellement de la gangue; il sembleroit donc tout naturel de croire qu'elles y sont parvenues dans

____

n'en est pas de même des mines métalliques qui sont censées être toutes dans ce qu'on appelle *l'ancien monde.*

le tems même de la formation de la roche & de la gangue , & qu'elles y ont pris corps avec elles. Si je connoiſſois quelques hauteurs ou quelques parties dominantes de ces montagnes où il y auroit des roches calcaires, je ſerois beaucoup moins embarraſſé pour expliquer l'origine de ces pétrifications; mais ce qu'il y a de calcaire eſt plus bas, comme vous ſavez, & en face de la verrerie (1).

Cependant il ſe trouve ici une circonſtance qui me facilite l'explication de cette ſingularité. Pour donc vous mettre au fait de cette

---

(1) Il faut encore ſavoir ſi cette pierre calcaire eſt de celles qui contiennent des pétrifications. M. de Born fait entendre qu'oui, ce qui eſt extraordinaire ; car les pierres calcaires qu'on trouve dans les pays primitifs ou à mines , ne ſont point coquillûres ; elles ſont primitives , & datent de la même époque que les granits ; le mal eſt que M. de Born ne fait pas aſſez de diſtinction entre les terreins , comme tous ceux de ſa Nation.

circonſtance, il faut vous rappeller d'une côte au nord de Schemniz, ſur laquelle on a établi un Calvaire. La roche qui conſtitue cette côte, eſt de nature argilleuſe, mêlée de mica, dans laquelle il y a des morceaux iſolés de jaſpe rouge, ou plutôt de porphyre qui reſſemble au zinopel, qui ne contient point de mine. On a tiré ſouvent de ce côté-là des turbinites & des lames pétrifiées dont j'en ai quelques échantillons dans ma collection.

Le ſecond filon principal court à-peu-près dans un éloignement de cent & quelques toiſes du côté du chevet du filon Spitaler, & a la même direction & le même penchant que ce dernier. La gangue de ce filon eſt mêlée d'un quartz rougeâtre & jaunâtre, dans laquelle il y a auſſi du zinopel mêlé avec des riches mines. Du côté du toît de ce filon, il ne ſe trouve cependant que de la mine de

plomb à boccard & du zinopel;
& dans le chevet, il y a jusqu'à
3 pieds d'une argille blanche, dans
laquelle il se trouve des morceaux
de mine de plomb qui fournissent
jusqu'à cinq lots d'argent au quintal; du côté du nord, ce filon ne
s'étant pas trouvé aussi riche que
le filon spitaler, on ne l'a pas approfondi comme ce dernier. Du
côté de la galerie de Schemniz,
il se trouve encore de la mine à
boccard; plus loin au nord, on
trouve la machine connue pour
aérer la mine, qu'a établi le célèbre Mécanicien Hoell; & très-
près de-là il y a une veine qui se
joint au filon, & qui vient de
celui du nom de Therèse. A cent
seize toises de profondeur, on a
trouvé près de ce filon, dans une
traverse, beaucoup de pierres sphé-
riques ou boules de *saxum metal-*
liferum, comme enchâssées dans
la roche. De savoir comment ces

pierres font parvenues là , c'eft ce qui n'eft pas facile à expliquer.

La puiffance de ces trois filons a donné lieu vraifemblablement à la formation & à la grande quantité de cryftallifations qu'on y remarque. Il eft facile en effet de comprendre que plus l'efpace à remplir de minéraux eft grand , plus il eft facile qu'il y refte d'ouverture, où les eaux en y dépofant leurs matières , forment des cryftallifations (1).

---

(1) Cette explication pourroit fouffrir quelque difficulté ; en effet , fi les filons étoient pourvus de cryftallifations à proportion de leur grandeur & de leur largeur, celui de Ramelfberg , par exemple , qui eft des plus confidérables qu'on connoiffe, devroit être rempli de cryftallifations, & cependant on n'y en a jamais remarqué plus que dans tout autre. Il réfulteroit auffi de ce principe, que plus un filon feroit petit, moins il contiendroit de cavité & de cryftallifations ; cependant rien n'eft plus contraire à l'obfervation que cela : on voit de très-petits filons , & qui font cependant plus caverneux & plus remplis de cryftallifations que tout

Quand je penſe à l'épuiſement
de ces filons, je trouve que quoique la profondeur juſqu'où ils ont
été pourſuivis juſqu'ici, ſoit fort
conſidérable, puiſqu'elle eſt de
deux cens toiſes, elle n'eſt rien en
comparaiſon de celle où l'on pourroit aller dans l'eſpérance de trouver encore de la mine. Cette profondeur n'eſt encore rien relativement au diamètre de la terre, &
n'eſt pas ſuffiſante pour nous faire
connoître ſa ſtructure extérieure :
il y a même fort loin de cette
profondeur pour atteindre le ni-
veau de la ſituation de Vienne :
car notre ſavant Noda a trouvé,
par le moyen du baromètre, que
la plus grande profondeur de ces
mines étoit encore deux cens qua-
tre-vingt-ſix toiſes plus élevée que
la ville de Vienne : par où je juge

---

autre. Nous avons retranché le plus que nous
avons pu de ces amples explications, parce
qu'elles ſont inutiles.

qu'on n'a effleuré jufqu'ici que la croûte de la terre, & qu'on ne parviendra jamais à la connoître dans fon intérieur, à moins que la propofition de percer la terre d'outre en outre, ne pût avoir lieu.

Toutes les exploitations de Schemniz font traverfées par une grande galerie de décharge, à qui on a donné le nom de l'Empereur François, dont le commencement eft dans la vallée d'Hodrizer, à deux lieues de Schemniz. Elle fut entreprife en 1748, & achevée en 1765. Elle a été pouffée à travers le roc dur; & quand on confidère la hauteur & la largeur de cette galerie, on ne peut s'empêcher d'admirer qu'on ait pu faire un fi grand travail en fi peu de tems. On allonge continuellement cette galerie, & l'on y dirige les eaux de toutes les exploitations par des traverfes particulières.

Les autres exploitations qui dépendent de Schemniz, & qui ſont ſur d'autres filons que ceux dont nous avons donné la deſcription, ſont à l'oueſt de cette ville, en partie dans le fond, qu'on appelle Boſſ-Grander, près du village Eiſenbach; & en partie au midi, dans le lieu que nous avons nommé Hodriz.

La roche dans laquelle courent ces filons, eſt par-tout un *ſaxum metalliferum*. Ces filons ont la même direction & le même penchant que ceux de Schemniz. Pluſieurs veines qui les accompagnent leur ont cauſé de grands élargiſſemens. Dans ces parties on y a laiſſé des piliers de gangue ſolide, & ne contenant point de minéral, pour ſervir de ſoutien. Dans une profondeur, j'ai vu gravé ſur la pierre la date 777. Seroit-ce l'année où cette mine fut fouillée la première fois?

Nous venons de dire que la roche qui accompagne ces mines , eſt par-tout notre *ſaxum metalli-ferum* ; mais il ſe trouve en différens endroits des variétés ; par exemple , dans les exploitations d'Hodriſer , il ſe trouve beaucoup de ſteimmaick , qui eſt mêlé avec de l'argille ; mais ce qu'il y a de bien digne de remarque dans ces mines , eſt qu'on y voit une veine puiſſante de quartz parſemée de feuilles d'or à ſa ſurface Ce quartz eſt ſi fragile qu'on peut l'écraſer facilement avec le doigt ; quelquefois ce quartz a des cavités garnies de cryſtaux de mine d'argent rouge & de mine d'argent vitreuſe aigre , c'eſt-à-dire , qui ſe briſe facilement. Dans la mine du nom Saint-Antoine-de-Padoue , il y a pareillement une gangue quartzeuſe.

Bien plus loin à l'oueſt , en s'élevant , le chyte , ſuccède au granit ou *metalliferum* , dans lequel ſe trouvent des filons de plomb &

de fer. La même chofe fe préfente dans la vallée nommée Bofl-Grander, où il s'eft trouvé de la mine de fer, dans laquelle on a rencontré fouvent de l'aimant. Je pafferai fous filence toutes les autres petites exploitations , qu'il y a dans ce quartier, pour aller confidérer celles qui font au nord, à une lieue de Schemniz. La roche eft ici la même que celle de Schemniz. Il y a tout lieu de croire que ces exploitations ont été anciennement peu de chofe ; au moins n'en a-t-on retenu que quelques dénonciations parmi lefquelles Düller refte à une galerie principale. J'ai vu dans un endroit de ces anciennes mines fur le filon Siebenveiber au nord , d'anciens trous de tirage , près defquels 1637 étoit gravé, ce qui feroit croire qu'on fe fervoit de la poudre vers ce tems dans les mines de Hongrie. Depuis long - tems Roëfslete raconte en effet dans fon ouvrage fur les mines, qui a pour titre Bergbaufpiel, qu'en l'année 1627 on apporta cette méthode de Hongrie en Allemagne. Cependant Boyer dit, ainfi que le Traité de l'exploitation des mines, qu'en l'année 1613, cette invention fut trouvée par un Martin Vaigolæ, à Freyberg. Je refte donc indécis pour favoir à qui des deux, des Allemands ou des Hongrois, l'honneur de cette découverte eft due.

L'exploitation de Mariahielfer eft fur un filon aurifère qui court auffi du nord au midi. Il y a une autre entreprife fur un filon aurifère ; c'eft un quartz qui tient de l'or, mais qui ne donne que de la mine à boccard. Il a cependant donné de grandes richeffes. Beaucoup plus haut, du même côté, eft la petite ville de Bugganz, chef-lieu de plufieurs exploitations. La roche eft ici comme à Schemniz. Quelques filons ont auffi leur direction du nord au midi. Les habitans de ce lieu racontent beaucoup de merveilles de ces mines, que la guerre fit abandonner. A présent il y a plusieurs entrepreneurs qui cherchent à relever l'exploitation de ces mines. La plupart de ces filons sont garnis de quartz & de spath. L'exploitation qui s'appelle Lasdolas, est fondée sur un filon aurifère quartzeux. On y trouve souvent de l'or sous la forme de grains fort sensibles. La Chambre des mines fait construire un étang considérable dans un fond qu'on appelle Steinberg, pour faire aller les boccards. Derrière Bugganz, la pente de la montagne est couverte de chyte ; là, commence la plaine qui conduit à Presbourg. Au nord de Presbourg, est la base des montagnes Carpetiennes, où l'on voit près de la petite ville de Modern, des filons de plomb qui courent dans un chyte corné mêlé d'asbest. Je

crois vous avoir parlé, si je ne
me trompe, des montagnes chyteuses qui font fur la hauteur de
Schemniz. Au nord, dans la pente
d'une montagne, eft une carrière
de pierre à chaux. Cette pierre eft
graniteufe, & on en calcine dans
ce même lieu pour en faire de la
chaux. Cette carrière s'étend jufqu'à Glashüttener, où il y a une
fource chaude, dont les Mineurs
& d'autres perfonnes fe fervent
pour leurs maux. Cette eau dépofe dans le canal par où elle
paffe pour arriver dans la maifon
des bains, un tuf occracé. On
voit même que toutes les côtes
qui entourent ce lieu, font com-
pofées d'un pareil dépôt, ce qui
vient de ce que les eaux minérales
s'y répandoient indiftinctement autrefois, n'étant pas raffemblées
comme aujourd'hui.

Entre Creuz & le village Leoth-
ka, eft une très-agréable plaine
& très-fertile, dans laquelle on

a reconnu l'exiſtence d'une mine de charbon, dont le Pere Kircher fait mention dans ſon Monde ſouterrein. Près du village de Leothtka, j'obſervai non loin du grand chemin, de la pierre cornée blanche pétroſilex , qui reſſembloit beaucoup à une calcédoine , dans laquelle il ſe trouve des pétrifications qui paroiſſent avoir été des plantes marines ou du corail. Mais il y a apparence que ces pierres y ont été amenées par le ruiſſeau qui coule ici de Leskoviz, village au-deſſus de Cremniz, où l'on voit des couches entières de cette pierre cornée. On voit encore près de-là des champs remplis de morceaux de jaſpe & d'agathe. La roche qui paroît à Cremniz, eſt encore notre *ſaxum metalliferum.* L'exploitation qu'il y a ici eſt dirigée ſur un filon & ſur quelques veines qui l'accompagnent. La matière de ce filon & de ces veines conſiſte en un quartz blanc, dans lequel il y a de la mine d'argent rouge & blanche & de la pyrite aurifère. Cette pyrite bien lavée & tirée fournit jufqu'à un lot & demi d'or. Le filon court auffi du nord au midi, s'il fe foutient bon à exploiter fur trois mille toifes d'étendue, & il a été pourfuivi auffi & reconnu bon jufqu'à 150 toifes de profondeur. L'étendue connue de ce filon permet par conféquent d'y établir plufieurs exploitations: auffi y en a-t-il plufieurs indépendamment de celle qui eft pour le compte de la ville de Cremniz. Dans le quartier où eft le puits royal, il fe trouve de très-bel antimoine cryftallifé en aiguilles. Mais comme prefque toutes les parties de ce filon font propres à être pilées & lavées, on a établi une très-grande quantité de boccards, dont M. de Vatram, votre compatriote, a l'infpection (1).

____

(1) M. de Born loue ici beaucoup M de Vatram d'avoir renoncé à fa patrie pour embraf-

Au nord, près de Tſchavoya, on exploite quelques mines de plomb qui ſont en veines. Ces veines courent dans une roche chyteuſe micacée, qui peut - être eſt placée ſur du granit (1). Au midi de Cremniz eſt Neufhol, qui en eſt ſéparé par une montagne compoſée de *ſaxum metalliferum*, &

ſer la Religion Catholique. Comme ce paſſage n'eſt nullement d'un Naturaliſte, je n'ai pas cru devoir le rapporter.

(1) M. de Born a établi comme une règle générale, que le granit ou ce qu'il appelle *ſaxum metalliferum*, fait la baſe des montagnes, & que la roche chyteuſe en fait toujours la partie ſupérieure ou ſes parties extérieures ; rien pourtant n'eſt plus ſouvent démenti que cette règle : on voit, en bien des endroits, comme à Sainte-Marie-aux-Mines, que le granit fait le ſommet des montagnes, tandis que la roche chyteuſe, que les Allemands appellent thonſchüfer, en fait la baſe. Si M. de Born avoit bien obſervé le pays de Freyberg, il auroit vu qu'à meſure qu'on s'élève vers les montagnes, la roche devient graniteuſe & à gros grains ; & qu'à meſure qu'on s'abaiſſe, on voit que la roche devient fine & chyteuſe.

recouverte de chyte. On a tracé sur cette montagne, aux dépens de l'Impératrice, un chemin praticable pour les voitures ; c'est à deſſein de conduire à la fonderie Royale, qui eſt à Neufhol , les mines de Cremniz. Sur la hauteur de cette montagne, qu'on nomme Skalka , on a trouvé dans une couche de ſable du ſoufre rouge, dont j'en poſsède quelques échantillons. Sur l'autre côté de cette montagne eſt ſitué Tajova , où la fonderie deſtinée pour faire la liquation eſt établie. Tout près de ce lieu , il y a une veine dans l'ardoiſe, dans laquelle ſe trouve de l'orpiment cryſtalliſé dans de l'argille bleue. Tout le terrein qu'il y a de là juſqu'à Neufhol , qui eſt d'à-peuprès une lieue , eſt calcaire. La ville de Neufhol eſt ſituée fort agréablement ſur la rivière de Gran. A une lieue de cette ville au Nord, près du village , il y a une montagne qui ſe nomme Baran,

ran , qui confifte en une roche chyteufe placée fur de la pierre cal-caire. Il y a dans cette montagne quelques veines cuivreufes près du lieu appellé Hernngrund. La roche chiteufe micacée couleur de cendre reparoît. C'eft dans ce lieu où cou-rent trois filons principaux du nord au midi , & qui font penchés de l'eft à l'oueft de quarante-cinq degrés. Tous ces filons font coupés par un autre filon rempli de chyte ferru-gineux & rougeâtre , qui a plufieurs toifes de puiffance. On a pouffé une galerie tranfverfale de deux cens foixante - dix - huit toifes , à travers une roche calcaire noirâ-tre , dans l'efpérance de rencontrer à la jonction de ces filons une richeffe en minéral. La gangue de ces principaux filons ne diffère de l'argille chyteufe ordinaire de la montagne , qu'en ce que ce lieu contient un tant foit peu de mica. Mais il s'y trouve quelquefois du quartz avec de la mine ; ces mines ne font la plupart que des pyrites cuivreufes qui ne donnent que huit à dix livres de cuivre au quintal; & une autre mine de cuivre brune, qui en fournit feize à dix-fept livres au quintal, & trois jufqu'à fix lots d'argent. On y rencontre cependant, mais très-rarement, de beaux morceaux de mine d'argent blanche de Cronftedt, § 199, de la mine de cuivre vitreufe brune, & de très-beaux morceaux de malachite ou mine de cuivre verte, ainfi que de la mine bleue ou bleu de montagne. Indépendamment de cela, on y trouve encore quelquefois du vitriol bleu cryftallifé fous la forme de cheveux, ou en maffe informe fur les étais.

Toutes ces mines de cuivre font mêlées avec de l'or, que l'on tâche de féparer dans le lavage; car fi on le laiffoit paffer à la fonte avec elle, il ne feroit plus poffible de l'en féparer, même par la liquation (1).

Il y a fix exploitations fur ces filons, dont trois font au nord, & trois font au midi. Du nord, les trois filons font exploités ; mais au midi, il n'y a que celui qui eft nommé herrngrunder qui le foit : ce dernier a jufqu'à douze toifes de puiffance. Malgré cette puiffance, il eft tantôt étranglé & tantôt détourné de fon heure par les différens contacts du rocher. Ce même filon a été exploité de-

---

(1) Il ne faut entendre ici que de la féparation avec profit, car d'ailleurs il eft très-poffible, chymiquement parlant, de féparer de l'or du cuivre, foit au moyen de l'acide nitreux qui diffout ce cuivre avec la plus grande facilité & en fait précipiter l'or ; foit par le foufre, qui minéralife le cuivre, & donne occafion à l'or de le précipiter dans le fond des creufets : quant à ce qui concerne la liquation, c'eft un point de métallurgie qui n'eft pas peut-être encore affez éclairci ; favoir fi l'or n'eft point entraîné par le plomb dans la liquation avec autant de facilité que l'argent.

puis près de cinq cens ans , par où l'on peut comprendre aifément qu'il doit avoir de grandes excavations. La profondeur jufqu'où on l'a pourfuivi , va au-delà de cent-cinquante toifes. Les deux autres filons des noms pfeiffenftollner & kugla, n'ont que quatre pieds de puiffance, dans lefquels la mine fe trouve tantôt dans le toît , & tantôt dans le chevet.

A l'égard des eaux cémentatoires qui roulent dans ces mines , on les affemble dans des canaux de bois faits d'une feule pièce. Ces canaux fuivent la direction & les détours des galeries , & vont décharger leurs eaux dans des caiffes profondes. On met dans ces canaux de la ferraille pour faire dépofer le cuivre de ces eaux, fur-tout dans les endroits où ces eaux éprouvent un brifement confidérable , c'eft-à-dire , des détours (1). Le cuivre précipité rend foixante livres de rofette. Cependant tout ce cuivre ne fe monte pas au-delà de cinq cens quintaux de cuivre par an. On prépare auffi des eaux cémentatoires ou l'on en enrichit ces eaux, en les faifant paffer fur les halles & vieux travaux, où les eaux diffolvent ce qui s'y trouve de vitriolique ; mais alors on n'en fait point précipiter le cuivre au moyen du fer ; on le laiffe fe dépofer de lui-même dans

---

(1) C'eft là un point important de pratique que l'expérience a fait connoître, que les eaux vitrioliques aient le plus grand contact poffible avec le fer, que chaque partie d'eau puiffe toucher le fer dans un même tems, voilà l'effentiel de cette opération ; & c'eft ce qui explique en même-tems ce paffage d'une lettre où M. de Born dit, que plus les eaux coulent rapidement, plus le cuivre fe dépofe facilement dans les caiffes ; on peut concevoir que ce n'eft pas à caufe de cette rapidité qui par elle-même, comme nous l'avons remarqué, y feroit nuifible, mais parce que cette rapidité fait qu'il y a un plus grand contact entre les parties de l'eau vitriolique & celle du fer.

une caisse qui a deux toises de diamètre, sous la forme d'une chaux verte ou verd de montagne (1). L'eau coule succeffivevement jufques dans douze caisses pareilles, où le cuivre fe dépose de la même manière.

Tous ces précipités de cuivre font mêlés, enfuite féchés & conduits à Vienne pour être vendus fous le nom de verd de cuivre, au moyen de quatre cens florins le quintal. La grande quantité de mines que les anciens ont laissé dans les halles, a donné occasion d'établir ici beaucoup de laveries. Ce travail eft fait par les femmes pendant l'été ; les petits garçons & filles cherchent les morceaux de mines, & féparent ce qu'elles peu-

---

(1) Cette opération eft affez peu connue, on ne concevra que difficilement comment elle peut avoir lieu, c'eft-à-dire, comment le cuivre peut fe précipiter de lui-même fous cette forme fans conferver fon acide.

vent de massif , & livrent le reste aux boccards.

Tout le cuivre qui provient de cette exploitation, ne se monte qu'à trois mille quintaux.

On va de Hernngrund à Attge-burg , par une galerie. Il y a dans ce dernier lieu une fonderie de cuivre. Quand on va d'ici à Mo-diska , on voit des deux côtés du chemin une chaîne qui a à-peu-près trente toises de hauteur , cou-verte de dépôt calcaire de deux pieds quelquefois d'épaisseur , dans laquelle se présentent des colonnes & d'autres en forme sphérique. Ces figures rendent encore l'explication de la formation de cette matière calcaire plus obscure.

Derrière Modiska , il y a une veine de plomb qui court dans une montagne calcaire qu'on a exploitée pendant long-tems sans succès.

Les mines de fer qui sont fort près de Rhoniz & de Taisolz dans

les diſtricts de Solienſer & de Hun-
tenſer, dépendent de la Chambre
des mines de Neuſohl. A quatre
lieues de Neuſohl, commencent
à courir des filons de fer dans
de l'ardoiſe. La meilleure de ces
mines eſt au Sirk, où il ſe trouve
de la mine de fer ſpathique. On a
coutume de mêler les mines de
Rhoniz avec une autre ſorte de
mine très-fuſible qui vient de Hia-
dala, pour faire de bon fer. Les
mines de fer qui proviennent de
ces derniers lieux, comme auſſi
celles qui proviennent de Bosko-
va, Suchodolina, ſont preſque toutes de l'eſpèce dure noirâtre, ou
de la chaux de fer endurcie ; il s'y
trouve des parties cryſtalliſées ſo-
lides & brillantes, de différentes
façons. De toutes ces mines on
fabrique tout le fer qui eſt néceſſaire pour l'uſage des mines de
Schemniz, de Cremniz & de
Neuſohl. Le fer qui doit être travaillé en barres & en inſtrumens

propres aux mines, est fondu au moyen d'un haut fourneau, mais on se sert d'un autre fourneau pour faire le fer propre aux boccards, & pour jetter la gueuse en moule.

A l'égard des roches qui entourent Neusohl, c'est du chyte graniteux surmonté par des roches calcaires; mais un peu plus loin, en allant à Schemniz, on voit reparoître le vrai granit; & là où le chemin se partage entre Neusohl & Cremniz, se trouvent des roches formant une muraille de quelques toises de hauteur, composée en partie de pierres micacées & d'argille endurcie, en forme sphérique, & d'une sorte de granit d'un clair rouge. Toutes ces pierres sont liées ensemble par des dépôts calcaires. Peut-être que les morceaux de granit qui composent ces roches, proviennent des montagnes Carpétiennes, d'où elles auroient été entraînées par la riviere de Gran qui paſſe tout près de ces rochers, & qui ſemble avoir donné occaſion à leur formation & à leur diſpoſition.

Liblen, qui eſt un lieu à mine, dépend auſſi du Conſeil des mines de Neuſohl, dont il n'eſt éloigné que de quelques lieues. L'exploitation des mines doit avoir été jadis fort conſidérable, puiſque ce lieu a été honoré du titre de Ville Royale des mines ; mais la guerre a diminué de beaucoup ſa ſplendeur. Maintenant on y exploite quelques filons à une grande profondeur, qui courent dans la roche chyteuſe ; mais on y travaille principalement à la mine de fer.

Près de Poinick ſe trouvent des mines de fer qui courent auſſi dans le chyte ; ces mines qui relèvent auſſi de Neuſohl, ſont remarquables en ce qu'elles fourniſſent une eſpèce de calcédoine bleuâtre qui couvre ſouvent la ſurface de quelques morceaux de mines.

La septième ville à mine de Hongrie est Kœnisberg, dans le Palatinat de Borscheu, éloigné de quelques lieues de Schemniz. La vallée dans laquelle ce lieu est placé, est entourée de tout côtés de hautes montagnes graniteuses. Celles du nord font une suite de la chaîne des montagnes Carpétiennes ; celles-ci sont de granit ordinaire ; mais celles qui sont au côté opposé de Schemniz, sont de l'espèce de roche que j'appelle *saxum metalliferum*. Quelques filons qui courent dans ces lieux sont accompagnés par ces deux sortes de roches, l'une sert de chevet, & l'autre sert de toît. Comme on fait dans ce pays - ci des meules de moulin avec ce granit, on le nomme communément pierre meuliere, ou pierre à moulin. Le feldspath qui en fait une des parties constituantes, s'effleurit à l'air, tombe en poussière, & laisse par-là des trous qui rendent ces roches semblables aux autres pierres à meule ; on en envoie très-loin en Hongrie. Indépendamment de la mine Royale qu'il y a dans ce lieu, il y a plusieurs autres exploitations ; mais tout le produit de ces mines est peu de chose en comparaison de ce qu'il a été jadis. L'une de ces mines consiste en un filon garni d'un quartz gris, dans lequel se trouvent des pyrites qui sont très-riches en or. Mais ce qui rend ce lieu plus remarquable encore, est l'établissement d'une machine à feu qui fut faite en 1721 , par un Anglois nommé Isaac Potter, Ingénieur au service de l'Empereur , à dessein d'élever les eaux des fonds. Cette machine fut placée sur le puits Althandler, & neuf années après elle fut réparée.

Je crois vous avoir dit tout ce que j'ai pu recueillir concernant la Minéralogie & les mines de la Basse-Hongrie. Si ma santé pouvoit se rétablir , l'été prochain , j'irois faire une nouvelle récolte de connoiſſances dans les montagnes Carpétiennes , en compagnie avec MM. Poda & Scopoli. Le premier ſe propoſe d'y faire des obſervations phyſiques & mathématiques ; & le ſecond , d'aſſembler les plantes & les animaux qui s'y trouvent.

J'ai lieu de croire , tant par la deſcription qu'il y a de ces montagnes riches , dans l'ouvrage qui a pour titre : *Retilia Hungariæ* , que par quelques morceaux qui m'ont été donnés de ce pays, que ce voyage pourroit être à l'avantage de la Minéralogie.

LETTRE XXI.

Récapitulation de l'état des montagnes dans la haute & basse-Hongrie, dans la Transilvanie & le Bannat de Temesvar, l'état de la nature des roches qui les composent, & la manière dont les filons s'y maintiennent.

PAR toutes les Lettres que je vous ai écrites jusqu'à présent dans mes incursions, vous avez dû voir que toutes les montagnes de la Hongrie, de la Transilvanie, du Bannat de Temesvar, sont composées d'argille, de granit, de terre calcaire, de pierre cornée ou pétrosilex, & de pierre sableuse. Lesquelles de ces montagnes sont les plus anciennes ? c'est ce qu'il n'est pas facile de dire, non plus que

de favoir quelles font les plus riches d'entr'elles, & comment la
roche a fuccédé l'une à l'autre. Il
en feroit de même fi on vouloit
juger par l'extérieur de leur nature & de leur expofition ; car ,
par exemple, il y a des montagnes qui font recouvertes extérieurement de roche calcaire , qui font
au centre chyteufes & graniteufes ;
& il feroit auffi infenfé de juger
par cette écorce , de la nature entière de ces montagnes , comme il
le feroit de conclure que le terreau qui couvre quelques montagnes, forme toute leur maffe. Si
nous prenons pour exemple les
montagnes Carpétiennes & celles
qui féparent le Danube du Bannat
de Temefvar & de la Tranfilvanie, nous trouverons que leur bafe
fondamentale, au noyau , eft de
granit. Quelques morceaux de granit qui ont été pris fur le fommet
des plus hautes montagnes Carpétiennes, confirment ceci. Rappellez-

vous de la partie de montagne qui joint Canisberg ; car j'ai à vous faire obferver que la partie grani-, teufe qui s'y trouve , forme le chevet fur lequel eft pofé la roche chyteufe ou argilleufe. Il en eft de même de plufieurs autres endroits, & tous ces exemples démontrent clairement que le centre des montagnes Carpétiennes eft de granit, ainfi que plufieurs autres de la Hongrie.

M. Deluis a fait la même remarque dans fa Differtation fur les montagnes & les filons, & a fait remarquer auffi que les rochers qui faillent hors de certaines montagnes dans leur centre , font de vrai granit ; & on doit ajouter à cela qu'on ne trouve aucun endroit en Hongrie, où l'on puiffe avoir l'exemple d'un granit pofé fur la roche chyteufe ou calcaire , ou que dans les mines on puiffe remarquer que les roches paroiffent alternativement par couches l'une fur l'autre. Je fais encore, d'après des récits minéralogiques de quelques pays étrangers, que les chofes s'y préfentent de la même manière. Je ne prétends pourtant pas faire entendre par là que je croie que notre globe confifte en une maffe de granit, je n'en fais rien ; mais il eft très-vraifemblable que le granit en fait une grande partie, puifqu'il defcend jufqu'à une profondeur où il ne nous fera peut-être jamais poffible d'atteindre ; que là elle s'appuie fur une roche plus fimple, qui eft le vrai noyau de la terre. Toujours eft-il vrai que ces obfervations font voir que le granit eft une des plus anciennes roches que nous ayons obfervées jufqu'à préfent.

On n'a jamais remarqué dans aucune des montagnes graniteufes de la Hongrie, des filons confidérables (1); & il ne faut pas regarder comme contradictoire l'exemple de la veine de Kœnisberg, puisqu'elle court entre le *saxum metalliferum* & le granit.

Une autre forte de roche qui femble être provenue du vrai granit, eft le granit argilleux; nous l'appellons argilleux, parce que fa bafe eft d'argille dans laquelle fe trouvent recelés du mica & des parties de quartz fort fines ou de fable. Quelquefois il s'y trouve du choerl & du fpath calcaire; c'eft une vraie roche à mine, & qui accompagne très-fouvent les filons.

A l'égard de l'efpèce de chyte

---

(1) En général lorfque la roche continue d'être un vrai granit dans une montagne fort baffe ou fort haute, on n'a pas lieu d'efpérer d'y trouver des filons; le granit n'eft pas la roche propre au filon, mais plus fouvent les roches de vrais granits ne fe préfentent qu'extérieurement ou aux fommets des montagnes, tandis que leur intérieur eft compofé d'autres fortes de roche.

dur & d'un tiſſu fin & ſerré, que les Allemands appellent ardoiſe cornée, je n'en connois que très-peu en Hongrie ; cependant vous avez dû voir par la Lettre précédente que je vous ai écrite, qu'auprès de Modern dans le quartier de Presbourg, auprès des montagnes Carpétiennes, il y a un filon de plomb dans cette ſorte de roche, ainſi qu'une autre mine de plomb près de Schemniz dans la même roche, mais les filons qui courent dans ces deux lieux, ſont grêlés, de mauvaiſe qualité, & ne donnent que peu de mine.

Le kenein ſe rencontre dans la mine de Saint-Simon & Saint-Jude, à Dognaska, dans le Bannat, où cette roche fait le ſol de la riche mine de cuivre en amas dont nous avons parlé. C'eſt la même roche qui conſtitue entièrement les montagnes qu'il y a entre Saska & Moldava, mais dans leſquelles il ne ſe trouve aucun filon. Mais la roche qui domine en Hongrie, eſt ſans contredit le *ſaxum metalli-ferum* que j'ai décrit, & dont j'ai parlé ſi ſouvent. Nous avons trouvé cette roche près de Rœngueſberg, placée immédiatement ſur le granit. Pluſieurs filons courent dans cette eſpèce de roche, ainſi qu'on en voit à Schemniz & à Cremniz. Les plus riches mines de cuivre, & notamment celles de Dognaska, ſe ſont trouvées dans cette eſpèce de roche.

Au contraire, j'ai vu que les veines qui courent dans la roche graniteuſe, qu'on appelle trapp, (je parle toujours relativement à la Hongrie) contiennent de petites veines. Enfin je viens à l'eſpèce de roche chyteuſe ou argilleuſe, appellée par les Allemands thonſchiefer, qui conſtitue la plus grande partie des lieux à mines. Tel eſt Schmœlniz dans la Haute-Hongrie, Ilhavoja derrière Cremniz & preſque tout le Bannat : c'eſt auſſi la roche qui accompagne les mines de ſel d'auprès de Torda, de Marmoros & Savar. Cependant la plupart des mines qui courent dans cette roche, ſont étroites & ſujettes à ſe couper. Quelquefois les unes courent entre cette roche & la roche calcaire.

La roche calcaire, qui eſt la troiſième eſpèce en date (1), ou la plus nouvelle, eſt toujours placée ſur celle qui eſt argilleuſe ou chyteuſe. Cependant il ſe trouve quelques veines métalliques dans cette ſorte de roche, & nommément dans la montagne Oraviza, où l'on exploite quelques veines de cuivre. J'ai vu auſſi en Tranſilvanie, derrière Nagyag, au village Barſcha & Glat, quelques veines

____

(1) Cela eſt trop général, car l'expérience, les bonnes obſervations nous montrent qu'il y a des roches calcaires primitives & qui datent de la même époque que le granit ; mais ſi l'Auteur entendoit ici la roche calcaire coquillière ou les marbres, il auroit raiſon.

cuivreuſes de peu de conféquence, qui couroient dans une roche calcaire placée ſur une roche chyteuſe. D'ailleurs, je n'ai pàs de connoiſſance qu'on ait jamais rien trouvé de ſemblable dans les roches calcaires placées ſur les hautes montagnes de la Hongrie & de la Tranſilvanie. Ajoutons à cela que les filons qui courent entre la roche calcaire & la chyteuſe, ont preſque toujours pour toît la première, & pour chevet la ſeconde eſpèce. Cependant j'ai vu que cette règle ſouffre quelques exceptions dans le Bannat, où j'ai obſervé le contraire ; mais en attendant que j'établiſſe plus amplement cette règle, je dirai que la roche calcaire eſt placée très-ſouvent immédiatement ſur le granit.

Il me ſemble que le granit étoit en premier lieu entiérement à nud, lorſque la deuxième eſpèce de roche, formée par le limon, vint ſe placer deſſus ; mais cette ſeconde couche ne pouvant atteindre partout dans la hauteur, laiſſa paroître des parties de granit, que la matière calcaire recouvroit par la ſuite, ainſi que la couche chyteuſe. Telles ſont les trois ſortes de roches anciennes que nous connoiſſons en Hongrie ; mais il eſt impoſſible de ſavoir au juſte combien les roches ont mis de tems pour ſe ſuccéder les unes aux autres. Je ſerois pourtant diſpoſé à croire qu'elles n'ont pas pris un grand laps de tems. J'ai vu du granit dans lequel la roche chyteuſe , qui étoit poſée deſſus , avoit pénétré ; je poſſède même quelque choſe de plus ſenſible à cet égard : ce ſont des morceaux de granit dans leſquels ſont enchâſſées des parties chyteuſes. J'ai de plus vu pluſieurs montagnes dans le Bannat, & dont je fais mention dans la lettre écrite ſur ce pays, dont la roche eſt pénétrée des parties calcaires, qui eſt posée deslus. Tout cela ne prouveroit-il pas que le granit n'étoit pas encore solidifié lorsque la matière chyteuse est venue se reposer deslus ? De même qu'il y a lieu de croire que la matière chyteuse étoit encore molle, lorsque la roche calcaire est venue se former sur elle. Quoique mon but ne soit pas de me répandre en hypothèses, je ne puis m'empêcher de voir que mes observations s'accordent avec celles qui ont été faites ailleurs sur les nouvelles & anciennes roches. Le célèbre Haller, dans la Préface de son Histoire des plantes de la Suisse, parle aussi de la composition des montagnes du même pays. Il dit, entr'autres choses remarquables, que le sommet des plus hautes montagnes consiste en une sorte de roche composée de quartz, de même qu'en une autre sorte de matière plus molle, qui semble appartenir au feld-spath ; que cette roche appartient

partient au genre de granit ; que les roches qui conftituent les montagnes des Alpes qui ne font pas des plus hautes, font de nature chyteufe ou argilleufe, & que les parties plus baffes de ces montagnes font de matière calcaire & de différente forte de marbre, dont les parties calcaires, ufées & roulées, qu'on trouve dans le fond des ruiffeaux, proviennent. C'eft ce que confirme Gruner dans fa Defcription des montagnes glacées de la Suiffe. Le Lord Bute a fait les mêmes obfervations dans les Pyrénées, qu'il a communiquées à M. Haller. Les montagnes du Tirol font également de granit fur lequel fe trouve pofé de même de la roche chyteufe & calcaire, ainfi que cela m'eft confirmé par une collection de pierres, apportée par M. Adolphe Meyer, qui avoit travaillé quelque tems dans les mines de ce pays.

Q

Il en eſt de même dans les montagnes de la Bohême : pendant le ſéjour que j'ai fait dans une terre que j'ai ſur la hauteur qui ſépare la partie qu'on appelle l'Oberpfalz de la Bohême, j'ai examiné toute cette hauteur, & j'ai vu que toute cette longue chaîne de montagnes, qui s'étend depuis Bayern juſqu'au Diſtrict d'Egeriſchen, eſt de granit, qui eſt recouvert çà & là de chyte & d'autre eſpèce de roche de cette nature, & que dans les pentes de ces montagnes vers Eger, & proche de Mautdorff, il ſe trouve des roches calcaires. Le ſavant M. Pabſt de Hoain, ainſi que MM. Charpentier & Lomner, Profeſſeurs au Collége des mines de Freyberg, on fait les mêmes obſervations dans différens voyages qu'ils ont faits, tant au Harz que dans les montagnes de la Saxe. A l'égard des montagnes de la Suède, vous m'avez appris vous-même, ainſi que

M. de Linné, que les obſervations qu'on y peut faire, ne contrediſent pas celles-ci. Plût à Dieu que les Naturaliſtes de tous les pays puſ-ſent vérifier ces obſervations, & obſerver l'état & la nature de leur roche, afin qu'il en pût ré-ſulter un ſyſtême ſolide & ſuivi ; mais il faudroit ſuppoſer en même tems que ces Naturaliſtes euſſent des yeux de Mineurs (1).

---

(1) Il faudroit ſuppoſer auſſi qu'ils n'euſſent pas de préjugés, & qu'ils viſſent clairement les choſes telles qu'elles ſont ; par exemple, M. de Born croit fermement, & ce que nous croyons nous-mêmes, que la baſe des montagnes primi-tives eſt conſtamment une roche graniteuſe, & que les autres eſpèces de roche n'y ſont qu'ac-ceſſoires ; & cependant M. Délius, dans ſon Traité de l'exploitation des mines, aſſure que le fond même de quelques montagnes primi-tives de la Hongrie eſt calcaire, & que l'on voit ſur les têtes de ces montagnes des parties chyteuſes. Dans ce même ouvrage, il aſſure avoir reconnu pluſieurs autres montagnes com-poſées de roche calcaire qui étoit recouverte d'argille pétrifiée rougeâtre. Voilà un ſentiment oppoſé à la règle que M. de Born veut éta-blir.

Cependant pour ne pas trop nous détourner de notre sujet, nous considérerons quelques autres montagnes de la Hongrie qui sont accidentelles, parmi lesquelles je compte certaines montagnes calcaires, sableuses, & d'autres qui sont constituées de couches chyteuses. Il est assez difficile de savoir quelles sont les montagnes parmi celles qui sont calcaires, qui doivent être regardées comme les plus anciennes, & celles qui sont accidentelles (1), ou de seconde formation.

La plupart des Minéralogistes

____

(1) Cette distinction n'est point du tout difficile à faire, lorsqu'on est instruit en Minéralogie. Les roches calcaires primitives, comme nous l'avons déjà observé, sont dépourvues de parties coquillières ; elles se présentent d'un tissu très-ferme, souvent avec des facettes spathiques, mélangées avec des parties micacées, tandis que les pierres calcaires, secondaires, ou de nouvelle formation présentent toujours des parties coquillières, & qui sont beaucoup plus friables.

donnent pour origine à toutes les pierres calcaires , les coquillages de la mer, & les parties qui proviennent de leur deſtruction. Eſt-il donc poſſible que toutes les roches calcaires du globe doivent leur origine aux coquilles de la mer ? Une grande partie des montagnes Carpétiennes , & la chaîne des montagnes qui ſéparent le Danube de la Tranſilvanie, les montagnes de Styrie & beaucoup d'autres , ſont recouvertes preſque généralement de pierre calcaire. Quelle énorme quantité de coquillages ne faudroit-il donc pas pour produire une ſi grande quantité de pierre calcaire ? M. Cronſtedt avoit obſervé depuis long-tems qu'on ne trouve pas dans les pierres calcaires écailleuſes, aucune marque de coquillage ni de pétrification. J'avoue que cette ſorte de ſpéculation préſente des difficultés qui ſurpaſſent mon intelligence. Tout ce que je puis dire, c'eſt qu'il eſt certain que jufqu'à ce moment, on n'a trouvé en Hongrie aucune veine digne d'être exploitée dans les montagnes calcaires qui contiennent des pétrifications. Je compte auffi parmi les pierres calcaires de cette nature, les roches calcaires provenantes de dépôt qui conftitue la montagne entière d'Allgeberg , derrière Neufohl, dont nous avons parlé. Il en eft de même des pierres fableufes qui recouvrent quelques montagnes à mines , telles, par exemple, que celles proche de Nagyag & celles proche de Faubajer en Tranfilvanie. Dans de telles montagnes, on n'a pas vu non plus des filons, au moins dans aucun des pays où j'ai voyagé. Le chyte accidentel fe trouve placé très-fouvent fur cette roche fableufe & fur la pierre calcaire ; nous croyons que cette roche chyteufe a été dépofée là par des alluvions d'eau qui ont entraîné des parties d'anciennes roches ou de la pierre calcaire. C'eſt de cette manière ſans doute qu'ont été recouvertes les mines de charbon qui ſe trouvent entre Schemniz & Cremniz, au lieu nommé Boniz, ainſi que celle qu'on a fouillée à Saizen. C'eſt auſſi de cette manière ſans doute que ces roches ſont venues former le roît de quelques filons dans le Bannat de Temeſvar. J'ai vu de plus à Foska une mine dont le chevet étoit de pierre, calcaire, & le toît de chyte, ce qui contredit l'opinion que j'ai avancée plus haut. Mais il ſe pourroit que ce cas extraordinaire fût arrivé par un accident, c'eſt-à-dire, qu'il ſe peut que l'eau eût emporté les parties calcaires qui formoient le toît, & qu'elle eût ſubſtitué à ſa place les parties chyteuſes qu'elles auroient entraînées de cette montagne dominante, compoſée entièrement d'argille, dont je vous ai parlé dans la lettre qui concerne mon voyage de Saxa à Moldova (1), & qu'ainſi il en eût réſulté une nouvelle couche. L'ardoiſe rouge qui couvre les environs de Nagyag près de Borcza & proche Salathana, dans la Tranſilvanie, a peut-ètre la même origine.

Comme l'eau ne diſſout pas la terre argilleuſe ſolidifiée auſſi facilement que la pierre calcaire, il arrive qu'on ne trouve jamais des roches de chyte auſſi communément, ni ſi épaiſſes qu'on en trouve de pierre calcaire ; non plus qu'on ne voit pas ſi ſouvent des montagnes chyteuſes que des calcaires (2). C'eſt du mélange

---

(1) On voit que M. de Born veut faire rentrer dans ſon ſyſtême ce cas particulier, qui ſemble faire une exception.

(2) C'eſt une conjecture mille fois répétée par les Minéralogiſtes, que cette diſſolution des terres par l'eau ; mais eſt-elle vraie ? l'eau diſſout-elle véritablement les terres au moins en

des eaux qui entraînent ces terres,
que doivent réfulter les dépôts qui
forment la marne, qui eſt avan-
tageuſement employée dans d'autres pays, mais qu'en Hongrie on
ne ſe donne pas la peine de chercher.

Cependant j'ai à vous faire obſerver de plus, qu'il eſt étonnant
que juſqu'ici on n'ait point trouvé
de la pierre cornée *pétroſilex* dans
le bas des montagnes primitives,
non plus que dans celles qui ſont
nouvelles. Pour moi je dois avouer
que je ſerois fort embarraſſé de
vous dire où il ſe peut trouver
dans ce pays de cette eſpèce de
roche. Cependant dans les lettres
que je vous ai écrites de Salathana,
j'ai fait mention d'une ſorte de

---

aſſez grande quantité pour donner lieu à ce
ſyſtême ? N'entend-on pas ici par diſſolution
un ſimple délayement ?

roche de corne, en parlant de la mine de Lorette, dans laquelle se trouve une riche mine d'or. Mais cette roche nous semble porter des marques claires qu'elle s'est formée d'une des dernières. Des pétrifications trouvées dans une pareille roche près de Cremniz, au village de Lehotau, démontrent pareillement que cette roche est de nouvelle formation, si toutefois on doit regarder comme de nouvelle formation toutes les montagnes calcaires dans lesquelles on trouve des pétrifications. Mais que les cailloux doivent leur origine à la matière muqueuse, des vers de mer, ainsi qu'un savant Naturaliste me l'a assuré, je le crois aussi peu que la production de la terre calcaire par la destruction des coquillages. Combien ne faudroit-il pas de millions de ces vers pour donner l'étoffe suffisante pour la formation de la montagne de Facebaya & Cſertes (1).

Les filons qui courent dans cette eſpèce de roche, ne ſont pas moins d'une bonne qualité que ceux qui courent entre le chyte & la terre calcaire, & donnent, comme ceux, dont je parle, des mines d'or .& d'argent. Si cette forte roche appartenoit à l'ancien monde, il faudroit convenir qu'elle a été formée comme celle de calcaire, puiſque je ne l'ai jamais trouvée que ſur le chyte. Peut-être qu'après qu'on aura fait un plus grand nombre d'obſervations, on trouvera que quelques eſpèces

---

(1) Il paroît évidemment par ce paſſage, que M. de Born confond la pierre de corne avec le filex ; cependant il y a une très-grande différence entre l'une & l'autre. Ce que nous appellons filex ou pierre à fuſil, a été formé dans la craie, tandis que la roche de corne, ſelon les exemples que nous en avons en France, eſt une roche ancienne qui a beaucoup plus de rapport avec le quartz proprement dit, qu'avec le filex.

de roches cornées peuvent fe compter comme le chyte & la terre
calcaire, parmi les roches anciennes, & qu'il y en a auffi qui doivent
l'être parmi les nouvelles. Mais
toutes les montagnes, tant celles
qui font d'ancienne formation,
que celles qui font accidentelles,
doivent leur origine à l'eau, foit
qu'elles datent de la même époque
du débrouillement du cahos, ou
qu'elles aient été produites, comme
Linneus le croit, dans le tems que
l'eau couvroit toute la furface de
la terre, par le moyen des dépôts,
cryftallifations, & diffolutions des
parties animales & végétales.

J'ai encore à parler des montagnes qui ont été produites par
l'effet des volcans. On trouve effectivement des marques de cette
efpèce de montagne en Hongrie.
Les laves vitreufes, *pumex vitreus
Linei*, qu'on trouve près de Toc-
kai, & plufieurs fortes de laves
qu'on m'a apportées des montagnes

Carpétiennes, donnent de juftes fondemens à cette opinion. Mon intention étant de voyager l'an prochain fur les montagnes Carpétiennes, j'efpere vérifier cette obfervation, & vous ferez le premier, comme de raifon, inftruit de tout.

LETTRE XXII.

Description des Mines de Schemniz.

JE viens de recevoir ordre de la Cour de me rendre à Pragues, pour y prendre la place de Conseiller aux Mines de M. le Comte de Colloredo. Je ne sais si d'après cette nouvelle, j'ai lieu de me réjouir ; car outre que je ne me lassois pas de voir mon ancienne patrie, je suis obligé de renoncer au voyage que je méditois dans les montagnes Carpétiennes. Cependant je prendrai encore le tems de m'entretenir avec vous des espèces de mines qui se trouvent dans la Basse-Hongrie.

L'or vierge ne se trouve que très-rarement dans les mines de Schemniz, quoique tous les minerais contiennent de l'or. Au commencement de cette année 1770, on a trouvé dans la mine de Fugolsberger, fur la galerie nommée de l'Empereur François, dans une veine particulière, de la mine d'argent rouge maffive, dont le quintal de cette mine pourra rendre deux cent foixante & dix lots d'argent, fur laquelle j'ai remarqué quelque peu d'or. C'eft là la première fois, depuis mon féjour, que j'ai vu de l'or fur les mines. Mais dans les mines qui font exploitées par entreprife, cette rencontre n'eft pas fi rare. Dans la mine du nom de Saint-Antoine de Padoue, on a trouvé quelquefois de l'or vierge fous forme de cheveux, fur du quartz, dans de la mine d'argent vitreufe, & fur de la mine d'argent rouge ; à Cremniz & à Konisberg, il n'eft pas rare d'y en voir, furtout dans le premier de ces lieux, on en a trouvé fous la forme de feuille. Je poffède auffi un morceau de quartz ferrugineux fur lequel il fe trouve de l'or ; il vient de Bagganz. Par tout ce que je vous expofe , vous voyez que la plus grande partie de l'or, qui vient de la Baffe-Hongrie, eft tirée des minerais à boccards. Le plus commun, comme le plus riche de ces minerais, eft celui qu'on nomme zinople. C'eft ce qui forme la gangue de la plus grande partie des filons ; elle eft fouvent affez dure pour donner des étincelles avec le briquet ; & quelquefois elle eft molle & affez reffemblante au bol rouge. Le zinopel mou fe trouve fouvent fous forme fphérique , fur du quartz. A l'égard du zinopel jaune dont parle Cronftedt, je ne puis m'en faire une jufte idée, attendu que je n'en ai pas vu encore. Peut-être a-t-il voulu défigner par-là tous les jafpes ferrugineux ; en ce cas, le jafpe rougeâtre qu'on trouve dans le filon de Calversberg , près de

Schemniz, & souvent dans celui de Pacher-Flottner, que l'on jette sur les halles, devroit se nommer aussi zinopel, tandis qu'on ne donne ce nom qu'à celui qui est rouge, & qui contient de l'or véritablement. Une autre sorte de gangue qui fournit beaucoup d'or dans le lavage, est le quartz ferrugineux qu'on trouve à Baggaux, & sur lequel on trouve des *dendrites*. Rappellez-vous d'un passage de l'Art d'exploiter les mines, publié par le Collége des mines de Freyberg, où l'on conjecture que le quartz ferrugineux contient toujours un peu d'or. Cette espèce de gangue semble confirmer cette opinion. Nous avons encore les pyrites, que l'on mêle avec la mine de plomb pilée dans le boccard, qui donnent beaucoup d'or ; ce qui le confirme, est que dans l'espace d'un mois on a, par un seul boccard, depuis six jusqu'à vingt quintaux de pyrites aurifères lavées ,

dont le marc d'argent qui en provient, donne cinquante deniers
d'or A Schemniz & à Konisberg,
les pyrites font encore plus riches
en or.

L'argent vierge fe trouve maintenant prefqu'auffi rarement que
l'or. Pendant tout l'efpace de tems
que j'ai paffé ici, je n'ai pu obtenir que deux morceaux qui contenoient de l'argent vierge. Dans
l'un, l'argent vierge étoit en forme
de cheveux longs fur du quartz;
dans l'autre, qui étoit pyriteux,
l'argent pointoit comme une production végétale. Ce dernier morceau me paroît d'autant plus précieux, que Henckel, fi je ne me
trompe, dit qu'il fe trouve de
l'argent vierge dans les pyrites.

Mais en revanche, la Baffe-
Hongrie donne beaucoup de fortes de mines rares & précieufes.
1°. La mine d'argent vitreufe, qui
ne fe trouve que rarement fous
forme cryftallifée.

2°. Mine d'argent vitreuse aigre ; elle contient. plus de soufre que la première ; elle donne souvent quatre à cinq lots d'argent au quintal, mais souvent aussi elle ne donne que 70 à 80 lots d'argent. La description que M. de Justi fait de cette sorte de mine dans la seconde partie de ses Ecrits Chymiques , est aussi peu fondée que tout ce qu'il a dit sur d'autres objets. Peut-être que notre laborieux M. Scopoli déterminera au juste, par la suite, les parties constituantes de cette mine.

3°. Mine d'argent rouge ; elle se trouve à Schemniz & à Cremniz tantôt crystallisée , & tantôt massive & irrégulière. Celle de Cremniz est toujours aurifère. J'ai trouvé de la mine d'argent rouge sous forme de dendrites dans le quartz blanc, & de la mine d'argent d'un rouge clair dans la pyrite. Le Docteur Muller, à Neusohl , conserve dans son riche cabinet un morceau de mine d'argent rorge sombre sous forme sphérique. M. Scopoli analyse aussi cette espèce de mine.

4°. Mine d'argent blanche ; elle est commune à Cremniz ; elle est la plupart du tems posée sur du quartz superficiellement, elle contient de l'or.

5°. Mine d'argent en forme de barbe de plume. Cette mine diffère de celle qui se trouve en Saxe, en ce qu'elle n'est pas légère & en forme de paquet de cheveux ; elle est disposée en étoile sur du quartz. Cette mine remplit un très-puissant filon, & assez solide pour se laisser polir. Comme cette mine est finement répandue dans cette roche, il est impossible de l'en séparer, de sorte qu'on pile le tout pour la séparer au lavage.

6°. Mine d'argent blanche sous forme de barbe de plume, ou étoilée ; je ne crois pas que cette mine ait été trouvée ailleurs ; elle fe trouve très - communément à Hodiez. Ne connoiſſant pas cette mine par fa couleur , on la confondroit parmi les autres, fi on n'y prenoit pas garde. M. Jacquin, Conſeiller aux mines, ayant pluſieurs morceaux de cette eſpèce , m'en fit préſent de trois beaux. Les cryſtaux blancs de cette mine reſſemblent aſſez à de la mine cornée, & ſont placés ſur du quartz ferrugineux.

7°. Mine d'argent molle, terreuſe , d'une couleur jaunâtre, verdâtre & rougeâtre. On en a trouvé en aſſez grande quantité près de Schemniz à Vindeſcholenten ; le quintal de cette mine donne près de huit cent lots d'argent.

8°. Autre mine d'argent terreuſe & fuſible, de couleur brune , jaune & blanche. Quelques morceaux de cette mine donnent cent lots d'argent au quintal, quelques autres n'en donnent que cinquante.

L'on y apperçoit quelquefois des parties d'argent vierge.

9°. Mine d'argent en feld-fpath, ou feld-fpath tenant argent ; il eft tantôt jaune, tantôt rouge & tantôt blanc. Lorfqu'on grille cette efpèce de mine, elle devient noire; elle tient de quatre à huit lots d'argent au quintal ; elle fe trouve parmi les riches mines dans les mines de Piegelsberg. M. Brinnich a déjà remarqué dans fes additions fur la Minéralogie de Cronftedt, que la couleur bleue de ce fpath décèle un riche contenu d'argent.

10°. Blende argentifère. Je ne connois pas cependant la mine fphérique riche que Cronftedt décrit au §. 175 de fa Minéralogie. Il fe peut qu'autrefois on ait trouvé un morceau de cette mine arrondie, & que cela lui ait donné lieu de croire qu'il y en avoit de cette forme communément. Mais comme ce pays-ci eft le lieu du monde où l'on songe le moins à former des cabinets & à retenir les morceaux rares & curieux , il ne m'a pas été possible d'en voir & d'en prendre des informations. Ce qu'il y a de vrai, est que notre blende contient toujours de l'argent plus ou moins, & que jamais on ne la jette comme inutile sur les halles. Elle est communément brune , massive, & a un tissu feuilleté. J'ai vu néanmoins quelques morceaux de blende noire, jaune, bleue & demi-transparente.

11°. Mine de plomb. Toutes ces mines de plomb contiennent de l'argent ; elles sont tantôt granuleuses & tantôt d'un tissu feuilleté ; on en a aussi de crystallisées ; on en trouve quelquefois de blanches & de noires parmi les mines terreuses dont nous venons de parler dans la mine nommée Vindeschlenten. J'ai aussi des morceaux de mine de plomb spathiques bleus qui viennent du même endroit.

12°. Mine de cuivre. Elle se trouve, soit dans le filon de spitaler, mais principalement dans la mine Herrengrunde, proche Neusohl. Il n'y a aucune particularité parmi ces mines, ni aucune variété particulière ; elles consistent seulement en pyrites de cuivre ou mine de cuivre jaune ; des mines de cuivre vertes, & de la mine de cuivre grise (1) ou cupferfahlerz sont les seules variétés de ce genre de mine.

13°. Mines de fer. Ces mines se trouvent près de Roniz Thaisolz, Boinick & Libetin. Ce sont la plupart des mines rouges ou hématites. Il y en a de jaunes ou occracées, & quelques morceaux noirs en forme mamelonnée, ou semblable à des boutons, en font

---

(1) Cette espèce pourroit bien être la même que celle que nous nommons mine d'argent grise.

toutes

toutes les variétés. Il eft vrai qu'il faut y ajouter auffi ceux que l'on trouve quelquefois près de Bonnik, dont la furface eft parfemée de pointes recouvertes de bleu de montagne ou calcédoine. Près de Czernoviz, on ajoute dans la fonte de ces mines, une autre forte de mines qui ne paroît être qu'une argille commune pénétrée de feu, que l'on trouve au jour fur les montagnes près de Schemniz & d'Hodriz.

14°. Mines de mercure. On ne trouve ici jamais de mercure vierge, mais on trouve affez communément du cinabre, cependant pas affez abondamment pour mériter d'être exploité. Quand ces mines fe rencontrent près des mines riches, elles tiennent toujours quelques deniers d'or par quintal : depuis que je fuis dans ce pays, je vois que ces mines fe trouvent la plupart dans une argille blanche friable.

15°. Mine d'antimoine. Dans le dernier siècle, on en a trouvé sous forme étoilée dans du quartz blanc près de Schemniz ; elle est aujourd'hui d'une grande rareté, mais cette mine est commune à Cremniz. Il se trouve, quoique rarement, de l'antimoine massif avec de l'or vierge, près de Magurka. On prétend qu'il s'est trouvé autrefois dans l'exploitation du nom Althaudel à Kœnisberg, de l'antimoine rouge. Je possede deux morceaux rares d'antimoine venant de ce même lieu ; l'un est recouvert extérieurement d'une pellicule rouge, & l'autre est un faisceau d'aiguille d'antimoine, dont chacune d'elle est recouverte d'une très-mince pellicule de quartz. Cronstedt en décrit un semblable.

16°. Arsenic. Il ne se trouve jamais sous sa forme métallique, ainsi que sous celle de chaux dans les mines de Hongrie. Par cette raison, les Mineurs ne font pas ici aussi ſujets aux maladies que ceux de Bohême ou de Saxe ; cependant entre Cremniz & Neuſohl, on a trouvé dans une couche ſableuſe, non loin de Skalka, de l'arſenic rouge d'un tiſſu fibreux.

17°. Soufre. Il ne ſe trouve auſſi que rarement ſous ſa forme naturelle. J'ai déjà fait mention de l'orpiment qui ſe trouve près de Thajova.

18°. Vitriol. Il ſe trouve très-abondamment, ſoit dans les galeries anciennes, ſoit dans le faîte des nouvelles. On y en voit de verd, de jaune & de brun. A Herrngrund, près de Neuſohl, on en trouve de bleu & de rouge roſe ; ce dernier eſt mêlé avec tant ſoit peu de bleu, & preſque tous les morceaux, ou criſtaux, contiennent quelques gouttes d'eau. Je range dans la même claſſe le *halorrichum* ou le ſel en cheveux de M. Scopoli ; car je ne puis me perſuader qu'il en diffère eſſentiellement : ce ſont des efflorefcences qui brillent fur les parois des galeries de Cremniz & de Schemniz.

A l'égard des terres & des pierres que j'ai aſſemblées ici, je ne puis vous les détailler maintenant, car il ne me refte pas aſſez de tems pour cela. Tout ce que je puis vous dire, c'eft que j'ai une infinité de variétés de quartz & de criftaux de fpath que je décrirai à mefure que je les arrangerai lorfque je ferai à Pragues, lieu de ma nouvelle réſidence (1).

N'attendez plus de lettre de moi jufqu'à ce que je fois à Vienne.

____

(1) M. de Born a déjà rempli cette tâche dans un catalogue de fon cabinet, qu'il a fait imprimer en latin avec toute la magnificence dont un pareil ouvrage peut être fufceptible.

LETTRE XXIII.

IL y a dix-huit jours que je suis à Vienne, & j'ai attendu pour vous écrire, que j'eusse quelque chose d'assez intéressant à vous dire.

Vous connoissez les agrémens comme les désagrémens de cette ville, vous savez aussi en quel état y sont les hautes sciences, & vous vous êtes plaint dans une de vos lettres, que parmi tant de beaux établissemens, on n'ait pas songé à former une école de Minéralogie & un cabinet d'Histoire naturelle pour l'instruction des jeunes gens. S'il se fût trouvé parmi ceux que l'Impératrice-Reine a employés à ces établissemens quelqu'un assez connoisseur en ces objets, il n'y a pas de doute que notre Gracieuse Souveraine ne nous eût gratifié de l'un & de l'autre. La preuve en eft dans le foin qu'elle a pris de procurer toutes les commodités néceffaires à l'Univerfité. Mais par malheur M. Wanfvieten n'eft ni naturalifte, ni amateur, ni connoiffeur de ces objets. Il y a plus, aucun des autres Inftituteurs qui fe trouvent à Vienne, n'ont été capables d'infpirer aux jeunes gens ces goûts; & parmi les Grands, il ne s'eft trouvé perfonne qui ait des connoiffances pour la Minéralogie.

Muni de vos obfervations, je fus vifiter le cabinet d'Hiftoire naturelle de l'Empereur, & je trouvai que ce que vous en dites eft très-vrai. Cependant vous n'aviez pas remarqué le morceau de lave noire qui a été trouvé en Hongrie fur un champ; il eft vrai qu'il eft placé de manière à ne pas le reconnoître, il faut le favoir pour le trouver; au contraire le prétendu raifin aurifère ou contenant des grains d'or , trouvé en Tranfilvanie , ainfi que la tige aurifère ou entourée de fil d'or , font montrés avec oftentation. Mais pour dire la vérité , ces deux objets font des effets du charlatanifme ; ce n'eft pas qu'il n'y ait de l'or , mais y eft-il naturel ? Voilà le point capital à décider.

Dans l'un , ce qui y femble de l'or, n'eft peut-être qu'un fuc jaune épaiffi ; & dans l'autre , peut-être ce qui y eft aurifère provient-il de ce que des parties d'or , réduites en fines parties , auront été enfouies dans la terre , lefquelles fe feront attachées à une plante , & feront montées avec elle dans fa croiffance.

La grande quantité d'or qui s'eft perdu ou a été enfoui dans la terre en Hongrie dans des tems deftructeurs , peut donner quelque vraifemblance à cette conjecture. Quoiqu'il en foit, j'ai vu en Hongrie, près d'Andres Falvus, une pareille branche aurifère qu'une famille confervoit comme un tréfor.

Outre ces morceaux, on en avoit encore d'autres dans ce cabinet, non moins dignes d'attention ; plufieurs morceaux d'argent & d'or vierge. On y voit de plus une très-belle collection de pierres précieufes, parmi lefquelles j'ai admiré fur-tout un diamant à demi-blanc, un autre à demi-rouge, & un autre d'un côté jaune & de l'autre blanc ; mais il eft impoffible que dans l'efpace de quelques heures on puiffe remarquer toutes les variétés de ce cabinet, encore moins les retenir. On ne peut que jetter rapidement un coup-d'œil fur tous ces objets. Je n'y ai pas vu cependant toutes ces variétés de minéraux & toutes les efpèces qui font diftinguer au premier coup-d'œil, le cabinet d'un vrai connoiffeur d'avec celui d'un fimple amateur. Si l'Hiftoire naturelle étoit plus répandue qu'elle ne l'eft dans les Etats de l'Impératrice-Reine, certainement on n'eût pas manqué d'y tranfporter toutes les variétés qui s'y trouvent. M. Jacquin, Confeiller aux Mines, a formé pendant fon féjour en Hongrie, un cabinet qu'il augmente chaque jour ; mais fes occupations continuelles ne lui laiffent que peu de tems pour y mettre l'ordre qui y eft néceffaire. Je ne fais fi vous y avez remarqué un morceau très-curieux qui confifte en de l'or vierge dans de la molybdène, qui a été trouvé dans une mine près de Rhemazombat , entre Neufohl & Schmoelniz. L'infpection du jardin botanique ayant été confiée à M. Jacquin , on a lieu de croire qu'il deviendra un des plus confidérables de l'Europe.

Le cabinet de M. Vildon , Peintre de la Cour, contient quelques morceaux dignes d'attention. Mais le cabinet du Pere Minorite reſſemble plutôt à un cabinet de curioſité qu'à une collection d'Hiſtoire naturelle. A l'égard de notre ami M. Reicheſagenten de Moll, je le vois ſouvent, j'ai déjà examiné pendant trois jours conſécutifs, ſa collection choiſie, dont la richeſſe principale conſiſte en pétrifications. Mais ce qui m'en plaît le plus, ſont les explications vraiment intéreſſantes qu'il donne ſur chacun des morceaux lorſqu'il les montre. Combien ne ſeroit-il pas fâcheux qu'un cabinet ſi précieux fût diſtrait après ſa mort; & c'eſt cependant ce qu'on a lieu de craindre, vu qu'aucun de ſes fils n'a le moindre goût. J'ai vu auſſi avec un plaiſir infini le cabinet d'Hiſtoire naturelle qu'on établit pour l'inſtruction de la jeune Nobleſſe, non tant à cauſe des raretés qu'on

y met , que parce qu'il fera fructifier peut-être cette fcience parmi
les Grands , & fera naître des Mécè-
nes pour cette fcience. On en voit
déjà d'heureux effets , car prefque
tous les jeunes gens qui font dans
le Collége Thérefe , ont une petite collection de coquilles , d'in-
fectes & de minéraux. Leur infti-
tuteur , le Pere Scheffer Muller ,
leur infpire ce goût. C'eft des gens
de cette trempe que je fréquente ;
je n'en vois que rarement d'autres ,
excepté mon ami Sonnenfels , dont
vous connoiffez le mérite & le goût
pour le Théâtre , qu'il tente à rectifier.

Je n'aurai pas la même reffour-
ce à Pragues , lieu de mon futur
féjour. M. Peithner , Confeiller
aux Mines , eft le feul dont je
puiffe me promettre quelque fa-
tisfaction. Pourquoi êtes-vous fi
éloigné de moi ! Si j'étois libre
comme vous , je braverois ma

frêle fanté, & vous me verriez dans peu à Carlfcron ; qu'eft - ce que cent lieues pour l'amitié (1).

---

(1) M. de Born n'a refté que peu de tems Confeiller aux Mines à Pragues. Il s'eft établi dans une terre qu'il a en Bohême, & jouit, comme Naturalifte, ayant une fortune honnête, de tous les agrémens de la vie.

F I N.

TABLE
DES MATIERES

Contenues dans ce Volume.

C.

D

F.

G.

I.

K.

L.

M.

P.

Q.

R.

S.

T.

Fin de la Table des Matières.

ERRATA.

P*AGE* 6 , *l'avant - derniere ligne* , breizin , *lisez* bréezin.

pag. 7 , *lig.* 5 , de brezin , *lisez* de bréezin.

page 66 , le dernier mot de la note est Stin-marck.

page 103 , *ligne* 3 , creuters , *lisez* kreuzer.

page 108 , *ligne* 20 , almah , *lisez* almaſſ.

page 117 , *ligne* 20 , ſans le fer , *lisez* , ſans fer.

page 119 , *ligne* 2 , de celles , *lisez* celles.

page 128 , *ligne* 23 , ſa litaige , *lisez* la li-turge.

page 157 , *ligne* 5 , pag. 162 , *ligne* 13 & 21 , & page 165 , *ligne* 7 , Naggag , *lisez* Na-gyag.

page 169 , *ligne* 3 , carceler , *lisez* cuveler.

page 175 , *ligne* 8 , Zaluthna , *lisez* Zalathana.

page 180 , *ligne* 7 , booſeri , *lisez* baleſeri.

page 279 , *ligne* 21 , crapatiennes , *lisez* carpa-tiennes.

page 283 , *ligne* 2 , & *page* 288 , *ligne* 11 , Schmnœluis , *lisez* Schemnitz.

pag. 318 , *ligne* 18 , Riſſfinken , *lisez* Riſſfen-ken.

page 321 , *ligne* 22 , coquillures , *lisez* coquil-leres.

page 322 , *ligne* 12 , lames , *lisez* cames.

page 335 , *ligne* 7 , Neufhol , *lisez* Neushol.

page 337 , *ligne* 5 , & *page* 343 , *ligne* 7 , Hernngrund , *lisez* Herrngrand.

page 347 , tout , *lisez* tous.

page 357 , *ligne* 16 , Oraviza , *lisez* d'Oraviza.